Ursula Barth / Christa Brand

BÄUME UND STRÄUCHER

Verwandlungskünstler im Garten

DVA

Inhalt

Räume schaffen im Grünen

Pflanzen und Standort als Einheit

Gärten sind wie Bilder, die wir nicht nur bestaunen, sondern real »begreifen« und erleben können. Wir können uns mitten hinein versetzen in die Szenerie, das Gartengeschehen aus jedem Blickwinkel bewundern und genießen. Als schön empfinden wir das so Vorgeführte, wenn die Komposition passt, wenn alles zu einem ästhetischen Gesamteindruck zusammengefügt wurde. Für die Pflanzen, die lebenden Gartenbewohner heißt »passend« aber nicht nur, dass ihr Platz nach optischen Gesichtspunkten richtig gewählt wurde, sondern auch ihren ganz individuellen Ansprüchen Genüge leistet.

Ein Platz zum Wohlfühlen

Der Amerikanische Blumen-Hartriegel (Cornus florida) *mit seiner strahlend weißen Blütenschönheit entwickelt sich ebenso wie Azaleen und Rhododendren nur dann zu einem solch berückenden Anblick, wenn der Boden passt. Sauer sollte er sein, frisch und locker-humos. Auf Kalk und Staunässe reagieren beide schwer beleidigt. Ewiges Kümmern und gelbliche Verfärbungen der Blätter sind die Quittung für die »Rücksichtslosigkeit« bei der Pflanzplanung. Ähnlich empfindlich auf kalkreiche Substrate reagieren asiatische und nordamerikanische Ahorne (u.a.* Acer rubrum, Acer palmatum, Acer ginnala, Acer rufinerve)*, die im Herbst mit einem orange-roten Farbfeuerwerk überraschen* (rechts).

Fast jeder von uns kennt die Sehnsucht, einen Ort zu finden, an dem wir uns zu Hause fühlen, an dem wir dauerhaft bleiben wollen und können – kurz: eine Heimat zu finden.
Heimat ist der Ort, die Umgebung, zu der wir passen und die umkehrt auch uns »passt«.
Es ist der Ort, an dem wir Wurzeln geschlagen haben. Verwurzelt wie ein alter Baum, der seinen rechten Platz gefunden hat.
Auch Pflanzen brauchen im Garten ihre Heimat, ihren Platz, wo sie sich auch tatsächlich wohl fühlen, also ihren ganz eigenen Ansprüchen entsprochen wird. Und wo sie ein Pflanzenleben lang verwurzelt bleiben können.
Bei der Planung eines Gartens haben wir meist aber zunächst etwas anderes im Sinn als die speziellen Standortansprüche der Pflanzen, die wir kennen und gerne verwenden wollen. Hier ist es zunächst wichtig, ein Gerüst für die Gestaltung zu finden, zu überlegen, wie der Gartenraum, der erschaffen werden soll, denn nun aussehen soll. Wie der Rahmen des Bildes, also die einfriedenden Hecken, gestaltet wird, wo mit einzelnen Solitärs Highlights gesetzt werden und wo im Gegensatz dazu dezente Gruppenspieler einen ruhigen Hintergrund liefern sollen.
Und schließlich – ganz entscheidend für die Wirkung, die Spannung und Dynamik eines Gartenraumes – wie die »Masse«, das Volumen verteilt ist. Wo Bäume und größere Gehölze Schwerpunkte setzen und den Gesamtraum in spannungsreiche Einzelräume

gliedern. Einmal muss man das Gespür und gestalterische Können haben, um alles so zu platzieren, dass es einfach »sitzt«. Zum anderen muss man seinen »Baustoff«, die Pflanze, kennen. Und der trägt im Gegensatz zu allen anderen Baustoffen, die wir kennen, mit dem Faktor Zeit gewissermaßen die vierte Dimension in sich. Bevor man pflanzt, sollte man schon wissen, zu welcher Größe die gewählte Art und Sorte sich in den folgenden Jahrzehnten entwickeln wird. Damit das Bild stimmig wird und bleibt und damit die Pflanze tatsächlich dauerhaft Wurzeln schlagen darf.
Soweit zu den reinen Äußerlichkeiten. Aber Bäume und Sträucher sehen nicht nur alle unterschiedlich aus und entwickeln unterschiedliche Wuchshöhen und -formen. Sie sind auch in ihren Ansprüchen an den ihnen zugewiesenen Standort ganz verschieden. Nur wenn diese bei der Pflanzenverwendung auch Berücksichtigung finden, fühlen sich die grünen Gartenbewohner wohl und danken es uns mit prächtigem Aussehen und guter Entwicklung. Es gilt, auf Faktoren wie Bodenfeuchtigkeit, Bodenreaktion/pH-Wert, Bodenart, Belichtung und Wärmeangebot beziehungsweise Frostgefährdung zu achten. Wie immer gibt es natürlich auch unter den Bäumen und Sträuchern eine große Zahl an Allround-Künstlern. Aber doch auch die eine oder andere Mimose, die schnell verschnupft reagieren kann.

Geborgen im Grünen

Im Sommer wird der Garten zum Wohnraum. Sei es für stille Stunden der Entspannung in einem lauschigen Eckchen, für gesellige Runden auf Terrasse oder Sitzplatz oder für das eine oder andere Fest mit Familie und Freunden. Gar keine Frage, dass ein solcher Aufenthalt nur dann wirklich ein Genuss ist, wenn die Umgebung und damit auch die Stimmung passt. Instinktiv suchen wir im Garten nach Plätzen, wo wir uns gut aufgehoben fühlen, die uns Rückendeckung geben und ein Gefühl des Schutzes und der Geborgenheit spenden. Und wer könnte uns die besser vermitteln als ein gemütlicher Baumriese?

Sitzen zwischen Blüten und Blättern

Alle Gehölzarten, die sich für die Verwendung in Schnitthecken eignen, lassen sich auch in andere Formen als nur schlichte und gerade Wände ziehen. So wie bei dieser Buchenlaube, die schützend den Sitzplatz im Garten einhüllt und so echte »Rückendeckung« gewährt.

Der Garten ist ein Ort zum Wohlfühlen. Er ist voll von sinnlichen Reizen, von Düften, Aromen, Farben, Geräuschen. Die es zu erleben gibt und zu erfahren gilt. Dazu gehört natürlich auch ein entsprechender Platz, um sich niederzulassen und das Gartenambiente in vollen Zügen genießen zu können. Also muss ein gemütlicher Sitzplatz her, auf dem es sich gerne auch etwas länger aushalten lässt. Und der die Atmosphäre von Geborgenheit ausstrahlt, nach der wir uns sehnen. In geschlossenen Räumen spenden dies Wände, Decke – und natürlich nicht zu knapp die Einrichtung eines Raumes. Im Freien werden die Wände zu lebendigen Hecken und die Decke zu einem raschelnden, transparenten und das Licht filternden Baldachin aus Ästen, Zweigen und Blättern. Mit einer schier unendlichen Variation an Spielen aus Licht und Schatten, die ständig neue Figuren auf das Geschehen unter sich zeichnen.

Es sind also die Bäume und Sträucher, die den Sitzplätzen im Freien den nötigen optischen Halt wie auch das Gefühl von Geschütztsein schenken. Wie die Stimmung letztlich ist, hängt von der gewählten Art ab. Deren Wuchsform, Belaubung und Blüten erzeugen schließlich die Stimmung des Ortes. Auch Pflanzen haben Charakter und Eigenschaften, die für jede Art individuell definiert werden können. Eine Kastanie mit ihrem dichten Blätterdach strahlt bodenständige Ruhe aus. Das filigrane, quirlige, scheinbar ständig

in Bewegung versetzte Laub einer Robinie holt beschwingte Heiterkeit in den Garten. Eine frei stehende Magnolie, die sich in ihrer ganzen Pracht entfalten kann, ist an Eleganz kaum zu übertreffen. Und so weiter.
Wo kein Baum oder großer Solitär das Geschehen bewacht und das vielleicht auch nicht soll, etwa um Sonne und Licht mit ihrer wohltuenden Wärme und Helligkeit ungebremst genießen zu können, steigen die Sträucher, die die Szene rahmen oder als einzelner Blickfang begleiten, von der Statisten- zur Hauptrolle auf. Blütengehölze wie Strauchrosen, Spiersträucher, Hortensien, Deutzien, Pfeifensträucher oder Schneebälle zaubern mit ihrer überquellenden Blühfreude und einer breiten Farbpalette für eine Weile Farbe in die Kulisse und schaffen so einmalig romantische Refugien auf Zeit.

Fast eine geschlossene Hecke und doch ein Bild von strahlender Heiterkeit und verträumter Romantik – dank der üppigen Blütenrispen der Pracht-Spiere (Spiraea x vanhouttei)*, des frischen, strahlenden Weiß, überhaupt des perfekten Zusammenspiels von Form und Farbe.*

Gehölze als Einfassung, Trennwand oder Raumteiler

Räume sind definiert durch ihre Begrenzungen. Sie sind es erst, die den Raum als solchen erschaffen, die uns den Raum spüren lassen und ihm seine Dimension geben. Also gibt es guten Grund, den Wänden, den Raumteilern auch die ihnen gebührende Aufmerksamkeit zu schenken. Im Garten setzen diese Grenzen meist Bäume und Sträucher. Wie das im Einzelnen aussieht, ist Gott sei Dank aber nicht definiert. Wie immer in Natur und Garten ist vieles möglich. Strenge Heckenwände (linke Seite) *sind ebenso vertreten wie romantische Torsituationen* (oben), *die in ein neues Gartenkabinett locken.*

Einen schönen Rahmen setzen

Oben: *Im Winter zeigt der Garten seine eigentliche Struktur. Und es ist die große Zeit der immergrünen Gehölze, die aber nicht mehr als ein Fünftel der gesamten Pflanzung einnehmen sollten. Sonst wirken sie anstatt belebend eher bedrückend und düster.*
Unten: *»Wände« aus Gehölzen wirken auch dann als solche und geschlossen, wenn sie eigentlich nicht wirklich geschlossen sind, wie im Stammbereich dieser Birkenwand.*

Bilder können die ihnen innewohnende Kraft und Schönheit oft erst dann entfalten, wenn sie in den richtigen, den für sie passenden Rahmen gesetzt werden. Und in der richtigen, ihnen angemessenen Umgebung präsentiert werden. Das weiß der Maler und setzt ein guter Galerist entsprechend um. Perfekt gearbeitet wurde, wenn der Betrachter des Bildes einen rundum gelungenen Eindruck hat, ohne dass er weiß, woran es liegt. Wenn er einfach sagt, die Ausstellung war rundum gelungen.
Welcher Rahmen der richtige ist, gibt bei einem Bild in erster Linie dieses selbst vor – durch Motiv, Material und Format. Barocke Gemälde werden im schlichten Alurahmen kaum das passende Pendant finden, ebenso wie ein schwerer, breiter, reich mit Ornamenten verzierter, »ausschweifender« Goldleisten für moderne Bilder wohl in den seltensten Fällen eine gute Wahl sein wird.
Im Garten gelten im Grunde ganz ähnliche Regeln. Aber mit einem ganz entscheidenden Unterschied. Das Gartenbild ist unverrückbar, da im Boden verwurzelt und damit auf Dauer mit seinem Umfeld verbunden.

Wechselbeziehungen

Beim »Gartenbild« steht also nicht das Bild, das Motiv selbst am Anfang, sondern eigentlich der Rahmen. Mit der Umgebung, sei es Natur oder Architektur, ist der große Rahmen gesetzt. Im Garten selbst setzen die den Raum fassenden Begrenzungen den eigentlichen, engeren

Rahmen. Bei beiden gilt es Rücksicht zu nehmen. Damit Garten und Umfeld zur Einheit verschmelzen – kurzum Bild und Rahmen zusammenpassen.

Im Siedlungsraum bedeutet das einerseits, seinen Blick auf die Architektur der umliegenden Gebäude zu richten und so den Stil des eigenen Gartens daraus abzuleiten beziehungsweise darauf abzustimmen, sodass Formen, Farben und Proportionen stimmig sind. Das gilt nicht nur für das Gebaute im Garten, sondern schließt die Pflanzen als »Material« und die Räumlichkeit im Wesentlichen bestimmende Elemente natürlich mit ein! Nur durch solche Rücksichtnahme kann Harmonie zwischen Garten und Umgebung entstehen, sowohl aus der Innenansicht wie auch bei der Wirkung nach außen. Denn gerade der Rahmen des Gartens als Übergangszone zwischen privatem und öffentlichem Raum gestaltet schließlich auch das Straßen- und Ortsbild in ganz entscheidender Weise mit. Einen Garten gestalten bedeutet in diesem Sinne also auch Verantwortung übernehmen für das Wohnumfeld. Eine einladende Geste zeigen für Passanten, Besucher und nicht zuletzt für uns selbst, jedes Mal wenn wir nach Hause kommen. Bäume, Sträucher und Hecken sollten nach außen hin eher Ruhe ausstrahlen als allzu »aufregend« wirken. Was in keinem Fall Langeweile und Monotonie bedeuten soll und auch nicht darf. Aber die Hecke an der Grundstücksgrenze ist

Kaum etwas macht einen Garten reizvoller als ein Geheimnis. Wie die Frage, was sich wohl hinter der geschnittenen Heckenwand und am Rande des schwingenden Pfades verbergen mag. Besondere Spannung in diese Torsituation bringt der Kontrast aus strenger Schnitthecke auf der rechten und den kaskadenartig überhängenden, dicht mit lavendelfarbenen Blüten besetzten Zweigen des Sommerflieders (Buddleja alternifolia) *auf der linken Seite.*

Gehölze geben dem Garten durch ihr Höhenwachstum erst die dritte Dimension und verleihen ihm so die Räumlichkeit. Dabei sind sie weit mehr als nüchterne Begrenzung, sondern zugleich auch »Raumausstatter«. Sie schenken dem Raum Atmosphäre. Geborgenheit kann enststehen, wenn ein Baum schützend sein Blätterdach über uns ausbreitet und uns seitlich führt (oben)*, genauso wie durch eine Heckennische, die dem Sitzplatz im Garten die notwendige Rückendeckung gibt* (unten)*. Beide Situationen sind kein Zufall, sondern bewusst geplant.*

einfach nicht der Ort, um ein auffälliges Solitärgehölz neben das andere zu setzen. Vielfalt ist aber dennoch erlaubt, etwa in einer gemischten Blütenhecke mit einer aufeinander abgestimmten, begrenzten Auswahl an Arten und Sorten, die im Rhythmus im Verlauf der Hecke immer wiederkehren und ihr einerseits eine gewisse Ruhe geben, gleichzeitig aber für wechselnde Eindrücke und Spannung sorgen.

Ist der Garten am Ortsrand gelegen, sind ein paar zusätzliche Punkte zu beachten. Einerseits ist hier besonderes Augenmerk auf die »Außenansicht«, die Einbettung des Gartens in die Natur beziehungsweise Kulturlandschaft zu achten. Die Verwendung von heimischen Gehölzen, natürlich auch Obstbäumen, in einer frei wachsenden Hecke ist praktisch ein Muss, um fließende Übergänge zu schaffen und optische Bruchstellen zu vermeiden. Ähnliches mit Ähnlichem zu kombinieren ist hier die Kunst. Andererseits bergen solche Situationen auch die einmalige Chance in sich, die Natur und wunderschöne Landschaftsbilder in den Garten zu holen, sie ganz bewusst in die Gestaltung zu integrieren. Und den Garten mit wenigen Kunstgriffen scheinbar um ein Vielfaches zu erweitern. Das Öffnen von Blickachsen in die freie Landschaft, auf ein wunderschönes Panorama oder auf einen markanten Punkt, sei es eine Kirche oder sonstiges interessantes Gebäude oder auf einen dominanten Einzelbaum, der selbstbewusst und stolz ein Lebensalter von einigen Jahrzehnten oder gar Jahrhunderten zur Schau stellt, ist so absolut einzigartig und sprengt die Enge und Kleinteiligkeit auf ganz wunderbare Weise.

Innenansichten

In erster Linie aber – bei aller gebotener Rücksichtnahme nach außen hin – sollen die Grenzen des Gartenraums, die Hecken, Bäume und Sträucher, die den Garten fassen, dem Garten selbst, dem »grünen Wohnzimmer«, den rechten Rahmen liefern. Zum einen schlicht und ergreifend einfach den Raum schließen und ihn damit erst erschaffen. Zum anderen ihm Geborgenheit und Stimmung verleihen. Für die konkrete Ausgestaltung bleiben dabei viele Möglichkeiten.

Frei wachsende Hecken wirken besonders natürlich, brauchen aber Platz. Einreihig nehmen sie gut und gerne zwei bis drei Meter Breite ein. Für eine zweireihige Hecke sind bereits bis zu fünf Meter zu veranschlagen. In sehr kleinen Gärten kann es da schon bei einreihiger Pflanzung Probleme geben.

Frei wachsende Hecken

- bringen eine Vielfalt von Strukturen, Texturen, Formen und Farben in den Garten.
- bieten die Möglichkeiten, durch Höhenstaffelungen, Vor- und Rücksprünge spannungsreiche Räume zu gestalten.
- sind wertvoller Lebensraum und Futterquelle für zahlreiche Tierarten.

Oben: *Vorhang auf für die Gartenbühne! Ein Bogen, der sich aus der Buchenhecke heraus entwickelt, lenkt und konzentriert Blick und Aufmerksamkeit auf eine einzelne Gartenszene. Und trennt Terrasse und jenseitigen Gartenteil trotz der beinahe vollständigen Sichtbarkeit doch deutlich und wirksam in zwei unterschiedliche Gartenteile.*

Unten: *Frei wachsende Hecken sind selbst so voller Struktur und Formen, dass sich fast von selbst eine spannungsreiche Situation ergibt. Dass sich Raumwirkung aber nicht nur durch Höhe, sondern ganz wesentlich durch geschicktes Platzieren ergibt, beweisen die Buchskugeln, die sich seitlich als Raumteiler ins Bild schieben.*

Ein Motiv nach großem Vorbild – Gertrude Jekyll und Vita Sackville-West lassen grüßen. Geschnittene Hecken sind der ruhige Hintergrund, die monochromen Wände vor den berühmten Rabatten in klassischen englischen Gärten. Schließlich sind sie auch ideal, um davor bunte Staudenarrangements – hier eine herbstliche Impression aus Astern und Chinaschilf (Miscanthus sinensis) *– zu komponieren und ihnen zur bestmöglichen Wirkung zu verhelfen. Den Hecken wird dabei etwas von ihrer Strenge genommen, der Übergang von horizontaler (Rasen) zu vertikaler Fläche (Heckenwand) wird auf angenehme Weise gebrochen.*

Zimmer mit Ausblick. So wird die Landschaft zum Garten und der Garten Teil der Landschaft – eigentlich fast schon wie im romantischen Landschaftsgarten. Trotz der fließenden Übergänge und der auf ein Staudenbeet reduzierten Abgrenzung entsteht doch ein deutliches Raumgefühl durch den mächtigen Baum, der von der Kletterrose 'Félicité et Perpétue' im Sturm erobert und romantisch umsponnen wird.

Grüne Architektur

Bei wenig Platz, in kleinen Gärten sind, falls man auf den »lebenden Zaun« in keinem Fall verzichten möchte, geschnittene Hecken die erste Wahl. Aber auch bei formaler Gestaltung, ob modern oder nach historischem Vorbild, sind geschnittene Heckenwände gern gewählte Begrenzungen. Und das nicht nur zur Abgrenzung nach außen hin. Geschnittene Hecken aus Hainbuche *(Carpinus betulus)*, Rot-Buche *(Fagus sylvatica)*, Liguster *(Ligustrum vulgare)*, Weißdorn *(Crataegus monogyna)*, Feld-Ahorn *(Acer campestre)*, Kornelkirsche *(Cornus mas)* oder – immergrün und elegant – Eibe *(Taxus baccata)* sind auch bestens als Trennwände einzusetzen, zur Gliederung des Gartenraums in verschiedene Kabinette. Und sie stellen eine hervorragende, ruhige Leinwand dar, auf der in vorgelagerten Staudenbeeten mit der ganzen zur Verfügung stehenden Farbpalette gemalt werden kann.

Schwerpunkte setzen

Doch ein Raum lässt sich nicht nur durch geschlossene Hecken, seien sie nun frei wachsend oder geschnitten, trennen. Schon die richtige Platzierung eines einzelnen Gehölzes, sei es ein Baum oder nur ein Strauch, der nicht einmal sehr hoch sein muss, kann den Garten grundlegend gliedern. Solche Solitäre setzen Schwerpunkte, lenken den Blick, schaffen so auf ganz einfache Weise wunderbar transparente Raumteiler und geben dem Raum Tiefe und Struktur.

Bäume sind für Gärten unersetzlich. Mit ihrer Größe, ihrer Dominanz und ihrem optischen Gewicht stellen sie nicht nur das Gerüst des Gartens, sondern sind auch »Landmarken« und Raumteiler.

Freunde fürs Leben – Haus- und Hofbäume

Gute Freunde bleiben einem auf Dauer erhalten. Manche sind Gefährten von Kindesbeinen an und begleiten uns treu durchs ganze Leben. Sie stehen an unserer Seite, egal was passiert und bleiben eine verlässliche Konstante. Ähnlich treue Gefährten für Haus und Hof sind die Haus- und Hofbäume, die fest verwurzelt die Stellung halten. Manch einer wie der Goldregen (Laburnum x watereri *'Vossii') erfreut mit reichem Blütenschmuck, andere breiten ihr Blätterkleid als verwunschenen Vorhang vor uns aus.*

Eine Beziehung mit wachsendem Erfolg

Alte, langsam gewachsene Dörfer werden in vielen Fällen als schön empfunden. Ihr Ortsbild gilt als vorbildlich. Sie strahlen eine Atmosphäre aus, in der wir uns wohl fühlen. Mit ihnen wird in einem Atemzug zu Recht noch der Begriff Heimat genannt.
Woher dieses Gefühl, diese Stimmigkeit kommt, können die wenigsten spontan sagen. Es liegt zweifellos an der Einbettung der Siedlung in die Landschaft. Es war einfach noch normal, dass Dorf und Landschaft, Siedlung und Natur eng miteinander korrespondiert haben. Was nicht zuletzt der Durchgrünung der Orte zu verdanken war. Und hier sind es besonders die Bäume, die die Verbindung von Natur- und Siedlungsraum hergestellt haben. Es war üblich, einen – großkronigen – Hofbaum zu pflanzen. Sie gehörten einfach zum Haus dazu. Und erfüllten auch eine Aufgabe. Unersetzlich waren sie in heißen Sommern als Schattenspender und natürliche Klimaanlage. Linden, Kastanien, Eschen, Ulmen oder Walnüsse sind ganz typische Vertreter dieser Spezies. Wo sie heute noch erhalten sind, geben sie meist auch Zeugnis ab über die Geschichte von Haus und Hof – sind doch beide meist gleich alt.
Doch Hausbäume sind in keinem Fall ein altmodisches Relikt vergangener Tage! Auch heute noch sind sie unersetzlich als gliederndes Element in den Siedlungen. Auch neben moderne Häuser gehören sie unbedingt, als grüne Freunde, die neben ihnen stehen und ihre Krone mit einer schützenden Geste über ihr Dach ausbreiten, die sie ein Häuser- oder Baumleben lang begleiten. Die im Sommer Schatten spenden, im Winter aber die hellen und wärmenden Sonnenstrahlen durch ihr Geäst hindurch und in die Räume des Hauses lassen. Die als Konstante unser Leben begleiten und seine Geschichten kennen, mit den Jahren an Größe gewinnen und über die Dächer hinauswachsen.
Die alte Tradition macht also Sinn – für die Schönheit ebenso wie für die Funktionalität. Bei der Auswahl der Arten darf aber mit dem Überbrachten gebrochen werden. Schließlich sind heutige Gärten meist zu klein, um einem großkronigem Baum als dauerhafte Wohnstätte dienen zu können. Ein Laubbaum muss es aber schon sein. Es gibt kaum etwas Traurigeres als die »Haus-Blaufichte« der Gärten der siebziger Jahre, die monoton und kalt neben dem Haus steht, immer gleich bleibend, die keine Krone mit Schutzwirkung ausbildet, unter der man sich auch einmal niederlassen kann, und die den Wechsel der Jahreszeiten scheinbar völlig ignoriert.
Schön, nützlich und doch in der Tradition verwurzelt sind Obstbäume, als Hochstamm veredelt, um auch Größe und Alter zu erlangen. Aber auch Zierkirschen und -äpfel, Mehlbeeren *(Sorbus)*, Weißdorne *(Crataegus*-Arten und -Sorten), Judasblattbaum *(Cercidiphyllum japonicum)* und viele kleine und mittelgroße Bäume haben ihren Platz als Hausbaum gefunden.

Hausbäume schaffen den Brückenschlag zwischen Architektur und Natur, zwischen Haus und Garten. Das können sie nur, weil sie eine gewisse Größe besitzen und so – zumindest in der Zukunft, nach Jahren des Wachstums – das Haus auch überragen können. Diese Leistung kann kein Strauch und keine Hecke übernehmen. Wer tatsächlich keinen Platz für den grünen Freund des Hauses hat, kann immer noch einen Spalierbaum setzen. Prachtvolles Birnenspalier schmiegt sich direkt an die Fassade und gehört schließlich auch zur überbrachten Gartenkultur.

Klare Linien – Geschnittene Einfassungen und Formgehölze

Schon immer war der Mensch fasziniert von der Natur, von ihrer Schönheit, aber auch von ihrer Wildheit und Eigenständigkeit. Und immer war es aber auch sein Ziel, die Natur zu beherrschen und sie sich unterzuordnen. Ausdruck findet das in unserer Gartenkultur. Besonders die Gärten der Renaissance, des Barock und des Rokoko sind zumindest auf den ersten Blick Zeugnisse für siegreiche Etappen. In Form geschnittene Gehölze, elementarer Bestandteil der Gärten dieser Epochen, sind auch aus heutigen Gärten nicht mehr wegzudenken.

Zitate vom Bauerngarten bis zum Barock

Beetflächen durch niedrige Einfassungen zu gliedern und ihnen damit das Flache zu nehmen, ihnen eine interessante Fassung und Gliederung, ein Muster zu geben, hat eine lange Tradition. Die berühmten Gärten der Renaissance schmücken sich ebenso mit formalen Beeten mit Buchs als Einfassung, aber auch flächigen Mustern und Dekoren wie später die des Barock und Rokoko. Diese Beete gehörten zum Kanon der Gestaltungselemente der Gärten der jeweiligen Zeit und kehrten immer wieder. Sie waren sozusagen ein absolutes »Muss« in der Gartenkunst, über das man sich nicht hinwegsetzen konnte und auch nicht wollte.
Zwischen damals und heute sind ein paar Jahrhunderte vergangen und mit ihnen die eine oder andere Epoche in der Gartenkunst. Die formale Strenge wurde abgelöst vom Landschaftsgarten, einem neuen formalen Stil und schließlich über ein paar Zwischenstationen – unter anderem der Naturgartenbewegung – von der totalen Stilfreiheit unserer Tage. Heute ist erlaubt, was gefällt. Es gibt vielleicht immer wieder Tendenzen in der Gartengestaltung, aber keinesfalls einen einheitlichen Stil, dem in der Mehrzahl gefolgt würde. Und das ist soweit auch gut. Doch wenn unsere Zeit nichts wirklich eigenes schafft, wo holt sie sich dann Orientierung? Inspirationsquelle für das eine oder andere Gestaltungselement in unseren heutigen Gärten ist in vielen Fällen die Vergangenheit.

Zumindest was formale Spielereien und Elemente betrifft. Niedrige Beeteinfassungen aus geschnittenen, immergrünen Gehölzen sind beliebte Zitate. Es spricht schließlich auch Verschiedenes für sie:
Beeteinfassungen geben dem Gartenraum Struktur, auch wenn sie niedrig gehalten sind. Diese Struktur macht den Garten auch im Winter attraktiv, wenn Stauden und Einjährige in den Beeten nur noch wenig Reizvolles zu bieten haben. Besonders wichtig ist das in den heute häufig kleinen Gärten, die in ihrer Gesamtheit besonders eng mit Haus und Wohnung verbunden sind und daher auch im Gesamtbild ganzjährig attraktiv sein sollen. Reizvolle Kontraste auch strenger linearer Begrenzung und einer strukturreichen Pflanzung im Inneren sind möglich – wechselseitige Steigerung der Wirkung inbegriffen.
Doch wie so oft heißt es auch hier: Schönheit hat ihren Preis. Der ist in diesem Fall durch jährliches Schneiden der formalen Kunst zu bezahlen, wenn möglich sogar zweimal im Jahr, im späten Frühjahr und frühen Herbst, niemals aber in Frostperioden oder wenn noch oder bereits wieder Frost droht.
Erste Wahl bei den Einfassungspflanzen ist der Buchs *(Buxus sempervirens* 'Suffruticosa'), der sich von Sonne bis Schatten bewährt und ein hervorragendes Regenerationsvermögen besitzt, also bei Bedarf, wenn alles etwas zu wuchtig geworden ist, auch einmal stärker bis ins alte Holz zurückgeschnitten werden darf.

Geschnittene Einfassungshecken sind heute keinesfalls mehr auf formale Gärten beschränkt. Auch in eher naturnahen Anlagen (linke Seite und oben) *haben sie sich mittlerweile ihren Platz als reizvolle Zutat erobert. Dort liegt ihr Wert vor allem darin, der Freiheit, der Vielfalt an Formen und Strukturen ein wenig Grafik und Strenge entgegenzusetzen und damit letztlich den Reiz dieser Buntheit noch zu steigern. In streng formalen Gärten* (unten) *ist es genau umgekehrt. Das Spielerische der »Füllung« steigert den Rahmen.*

»Topiary« heißt diese Art von Formschnitt. Eigentlich in England zu Hause, erobert sie sich auch hierzulande mehr und mehr Terrain. Wie dieses kecke Entlein, das sich mitten in einem Schweizer Garten niedergelassen hat. Solche Figuren werden häufig zunächst aus Draht geformt, und die Pflanze muss erst langsam in ihre neue Gestalt hineinwachsen.

Oben: *Gruppenbild mit Torso. Die beiden kugelrunden Buchsfiguren integrieren den steinernen Gefährten einfach in ihre Runde. Mit ironischem Augenzwinkern werden so klassische Gartenmotive zitiert und in eine moderne Formensprache übersetzt.*
Unten: *Wie ein gemütlicher Alkoven nimmt die Heckennische diesen Sitzplatz auf. Schmucke Kugelaufsätze sind die Gegenform zum Schwung der ansteigenden Heckenflanken. Ein Kleinod und romantischer Rückzugsort inmitten des Gartens.*

Formale Akzente

Wenn an Gehölze die Schere angelegt wird, müssen nicht zwangsweise gerade Hecken dabei herauskommen. Dem findigen Gärtner sind in seinem Spieltrieb und in der Form eigentlich keine Grenzen gesetzt. Statt flächiger Wände oder linearer Einfassungen können auch einzelne, in Form gebrachte Solitäre die Aufmerksamkeit auf sich ziehen. Kugeln, Kegel und Pyramiden stehen wieder für die klassische, traditionelle Formensprache und fühlen sich auch, wie die Beispiele auf diesen Seiten belegen, im modernen Garten sehr wohl. Machbar ist aber mehr, eigentlich unbegrenzt alles. Gegenständliche Figuren, Tiere, Etagenfiguren, Würfel, Spiralen und vieles mehr, in freier Einzelstellung oder huckepack auf Hecken aufgesetzt, sind ohne weiteres möglich. Dass solche Form Geduld, Kunstfertigkeit beim Gärtner und absolut konsequente Pflege fordert, sollte fairerweise nicht unerwähnt bleiben. Aber auf der anderen Seite sind auch die vielfältigen Einsatzmöglichkeiten in der Gartengestaltung hervorzuheben.

● Dauerhafte Akzente setzen: Formgehölze sind echte Hingucker im Garten, durch alle Jahreszeiten hindurch. Darin liegt auch einer ihrer besonderen Vorteile. Im Sommer, wenn alles kräftig grünt und in voller Blüte steht, sind sie Ausrufezeichen und zugleich ruhender Pol inmitten des bunten Treibens rundum. Im Winter, wenn der Garten sein Gerüst offen legt, sind sie es, die Struktur geben und in ihrer

Wirkung präsent bleiben, wenn die anderen Akteure auf der Gartenbühne sich zurückgezogen haben und auf die nächste Spielsaison warten. Da für Formgehölze überwiegend Immergrüne verwendet werden, überdauern sie nicht nur in der Form, sondern auch in der Farbe.

- Formgehölze geben dem Garten Struktur. Das gilt nicht nur für streng formale Entwürfe, bei denen in Form Getrimmtes grundlegend ist, sondern auch für sehr frei gestaltete Anlagen, bei denen vereinzelte Kugeln, Kegel oder ganz frei geformte Figuren Individualität und – bedingt durch den deutlichen Kontrast – besondere Spannung erzeugen.
- Formgehölze sind nicht auf Strauchgröße beschränkt. Bäume, in Kegel-, Kugel- oder Kastenform geschnitten, erweitern das Spektrum der Verwendungsmöglichkeiten.

Bewährte Pflanzen für »Topiary«

- Immergrüne:
  Buchs *(Buxus sempervirens* in Sorten)
  Stechpalme/Hülse *(Ilex aquifolium)*
  Japanische Hülse *(Ilex crenata)*
  Gewöhnliche Eibe *(Taxus baccata)*
- Sommergrüne:
  Schwarzgrüner Liguster *(Ligustrum vulgare* 'Atrovirens')
  Hainbuche *(Carpinus betulus)*
  Linde *(Tilia platyphyllos, T.* x *euchlora)*
  Rosa Pfaffenhütchen *(Euonymus hamiltonianus* var. *sieboldianus)*

Oben: *Perfektion in Schnitt und Form sind unbedingte Voraussetzung, um Formgehölzen zur bestmöglichen Wirkung zu verhelfen. Den haben sie – und auch die mühe- wie liebevolle Arbeit des Gärtners – auch verdient. Schließlich macht gerade die »unnatürlich« perfekte Form ihren Reiz aus, die im deutlichen Kontrast zu den natürlichen Pflanzenstrukturen besonderen Gewinn findet.*
Unten: *»Form follows function!« In dieser schönen Bank vereinigen sich reizvolles Gartendekor und Gebrauchswert des Möbels. Gesteigert wird das Motiv durch die symmetrisch angeordneten Funkien-Büsche* (Hosta) *zu beiden Seiten.*

Pflanzen komponieren

Spektakuläre Blickfänge – Solitärs als wertvolle Einzelstücke

Es gibt Dinge, an denen wir besonders hängen und die uns besonders wertvoll sind. Sei es, weil die Erinnerung, unser Gefühl uns in besonderer Weise mit ihnen verbinden oder weil sie einfach besonders schön sind. In jedem Fall wollen wir diesen guten Stücken eine Einzelstellung geben, die ihrer Bedeutung angemessen ist und sie in der ihnen gebührenden Weise präsentiert. Auch im Garten gibt es diese Spezies mit Solitärwirkung, wie zum Beispiel den Rot-Ahorn (Acer rubrum, linke Seite) *mit seinem flammenden Herbstlaub oder den Amerikanischen Blumen-Hartriegel* (Cornus florida, oben) *mit bezauberndem Blütenschmuck.*

Solokünstler im Garten

Magnolien (links oben) *gehören zu den Solitärgehölzen par excellence. Die eleganten Blütenwunder verlangen in allen Arten immer nach uneingeschränkter Einzelstellung. Weithin über die ganze Vegetationsperiode leuchtend behauptet die Gold-Akazie* (Robinia pseudoacacia *'Frisia') ihre Stellung als Blickfang im Freiraum* (links unten). *Und das schlicht und einfach durch ihr Laub. Völlig richtig wurde hier in der Umgebung auf jedes weitere auffällige Gehölz verzichtet.*

Soltäre brauchen, um wirken zu können, immer eine gewisse Größe im Verhältnis zu ihrer Umgebung. Ein majestätischer Baumveteran (rechte Seite oben) *übernimmt die Königsrolle von ganz alleine.*

Die meisten Solitärgehölze sind in jeweils einer Jahreszeit besonders präsent. Der Fächerahorn (rechte Seite unten, Acer palmatum *'Osakazuki') brilliert mit karminroter Herbstfärbung.*

Manchmal ist es der Ort, der nach Besonderem verlangt, der regelrecht nach einem Ausrufezeichen schreit. Dann heißt es, sich auf die Suche machen nach einem entsprechenden Stück, das dem Anspruch des Ortes gerecht wird. Und manches Mal ist es genau umgekehrt. Wir besitzen das gute Stück schon oder wollen ein solches unbedingt haben, wissen aber noch nicht so recht, wohin damit, sodass es dann auch tatsächlich seine Wirkung voll entfalten kann.

Handelt es sich um ein solches Exemplar mit Divenqualität im Garten, so gilt für den rechten Ort: Die Pflanze mit Solitärwirkung gehört zuallererst dorthin, wo sie auch am besten gesehen werden kann. Schließlich soll sie kein Schattendasein führen.

- Ideal ist die Platzierung in Blickachsen, wie sie sich zum Beispiel aus der Wegeführung ergeben, oder an Knickpunkten in Achsen, die nach einem vertikalen Ausrufezeichen verlangen. Manche Orte im Freiraum verlangen einfach nach einer Betonung. Pflanzliche Solitäre sind hier die lebendige Alternative zu Gebautem oder Figürlichem.
- Solitäre sollen Spannung in den Raum bringen. Das können sie nicht, wenn sie unmotiviert gesetzt wurden. Niemals einfach zentriert pflanzen! Natürlich aber auch nicht in die Ecke »quetschen«. In beiden Fällen ist die mögliche Wirkung des Einzelstücks von Anfang an zerstört. Solitäre sollten den Raum immer in unterschiedlich große Teile trennen.

● Pflanzen sind Lebewesen und keine verrückbaren Möbelstücke oder Skulpturen. Obwohl sie häufig natürlich skulpturale Wirkung haben. Also ist für sie, auch und gerade in Solitärstellung, ein Ort zu wählen, der ihren artspezifischen Ansprüchen gerecht wird. Nur so können sie sich auch optimal entwickeln und wirklich Solitärqualitäten entwickeln. Hier gilt es Faktoren wie Belichtung, Bodenreaktion oder Frostempfindlichkeit bzw. Wärmebedürftigkeit der Pflanze zu berücksichtigen.

● Solitär und Umgebung sollen sich niemals wechselseitig die Show stehlen. Das bedeutet im Konkreten, dass etwa ein schlichtes Gebäude oder eine sehr ruhig gehaltene Pflanzung im Hintergrund durch einen auffälligen Solitär »aufgepeppt« werden kann. Im umgekehrten Fall, wenn also die Umgebung und der Hintergrund bereits sehr bunt und lebhaft sind, ist ein auffälliger Solitär eher fehl am Platz. Hier ist es besser ein einzelnes größeres Gehölz mit ruhigem Habitus als »Landmarke« zu setzen. Mit einem Wort: Solitärverwendung ist immer das Spiel mit Kontrasten.

Solitärwirkung

kann sich ergeben durch besonders attraktive

- Blüte
- Belaubung
- Herbstfärbung
- Struktur der Pflanze/Zweiggerüst
- Rinde

Linien betonen – Architektonische Pflanzungen

Schon seit Anfang der Gartenkultur war der Mensch darum bemüht, in dem von ihm umhegten Raum die Natur und ihre Schönheiten zwar einerseits für sich zu nutzen, andererseits aber auch ihre Freiheit und Wildheit zu bezwingen. Ausdruck dieses Willens sind alle Arten von formalen Pflanzungen, die stets eine besondere Präsenz beweisen.
Reihen, Alleen, Kreise oder blockartige Pflanzungen werden immer das Auge des Betrachters bannen.

Schönheit in Reih und Glied

Kontraste sind immer reizvoll. Wenn sie gelungen sind, im positiven Sinne. Typischer Kontrast im Freiraum ist immer der zwischen Architektur und Natur. Aus Gebautem und Lebendem, aus Statik und Veränderung, aus Ordnung und natürlichem Chaos.
Eine Möglichkeit, Ordnung in die der Natur gegebenen »Unordnung« zu bringen, sind formale Pflanzungen. In so manchem Gartenstil der verschiedenen Epochen sind sie sogar das beherrschende Gestaltungsmotiv. Früher hat man sich schwer damit getan, der Natur einfach ihren freien Lauf zu lassen. Heute hat man damit kein Problem mehr. Aber auf die Gestaltungsvarianten, die Formales bietet, will und soll man auch nicht verzichten.
Formale Pflanzungen folgen immer einer geometrischen Figur. Allen gemeinsam ist, dass sie eine unerhörte Präsenz und Dominanz an den Tag legen, stets betonend wirken und ihren Ort aus dem Rahmen herausheben.
Je nach Figur ergeben sich unterschiedliche Wirkungen:

- Linien und Reihen wirken, wenn sie unseren Blick in die Ferne lenken, ungemein dynamisch und geben dem Raum eindrucksvolle Tiefenwirkung. In kleinen Gärten erweitern sie den Raumeindruck, größeren Anlagen verleihen sie beeindruckende Majestät. Baut sich die Reihe aber vor dem Betrachter auf, wirkt sie absperrend und ist damit der perfekte Raumteiler, auch wenn sie wie bei einer Baumreihe doch eigentlich durchschaubar ist.

Architektonische Pflanzungen wirken immer dominant. Steigerungsmöglichkeiten für das Motiv sind aber gegeben, etwa indem zusätzlich Formschnitt verwendet wird. So zu sehen auf der linken Seite, wo die Reihe aus Gold-Trompetenbäumen (Catalpa bignonioides *'Aurea') mit Buchskegeln »verdoppelt« wird. Aber es wird noch eines oben draufgesetzt. Die flächige Unterpflanzung mit Buchskarrees und Wollziest* (Stachys byzantina *'Silver Carpet') steigert zusammen mit den klar abgegrenzten Farbkontrasten in der Belaubung das Bild zu absoluter Strenge. Formales in formale Umgebung zu setzen ist eine Variante in der Gestaltung. Wer es natürlicher mag und das Architektonische lieber als Hingucker einstreuen will, findet an den blockartig gepflanzten Buchskugeln, umrahmt von romantischen Staudenbeeten, sicher Gefallen.*

Reihen müssen aber keineswegs nur schnurgerade sein. Gerne dürfen sie sich auch beschwingt durch den Garten bewegen.

- Alleen besitzen natürliche Majestät und eine hoch repräsentative Wirkung.
- Blöcke nehmen die Fläche für sich ein. Ihrer Geschlossenheit wohnt eine kraftvolle Ruhe inne.
- Torsituationen ergeben sich immer – ob gewollt oder unbewusst, wenn zwei gleichartige Pflanzen mit einer gewissen Größe nebeneinander gesetzt werden. Tore machen immer neugierig auf das, was sich dahinter verbergen mag und verlocken zum Durchschreiten. Sie geben einem schönen Bild den Rahmen und verleihen ihm Bedeutung und Aufmerksamkeit.

Formale Pflanzungen sind architekturgebunden. Sie gehören in die Nachbarschaft von Gebäuden. In Übergangsbereichen zur freien Landschaft dagegen sind sie fehl am Platz und befremden. Einzige Ausnahme sind Baumalleen und -reihen, die Wege, Straßen oder auch Kanäle begleiten.

Architektonische Pflanzungen

erfordern

- die Verwendung einer Art bzw. Sorte
- absolut regelmäßige Pflanzabstände
- gleiche Pflanzgrößen
- gleiche Wuchsformen

Kraftvolle Ruhe – Flächige Pflanzungen

»In der Ruhe liegt die Kraft«, sagt ein bekannter Spruch. Denn Ruhe, Ausruhen bringt Erholung und gibt Kraft. Nicht nur die Ruhe des Rastens, der Unterbrechung von Beschäftigung wirkt regenerierend auf unsere Psyche. Menschen sind Augentiere und somit besonders von ihrer optischen Wahrnehmung geprägt. Das Gesehene wirkt unmittelbar auf unsere Gefühle, unsere Stimmung ein. Sind wir von »ruhigen« Eindrücken umgeben, dann finden wir auch leichter unsere innere Ruhe. Gleichmäßige Pflanzenteppiche und Farbkompositionen Ton in Ton sind die adäquaten Gestaltungsmittel im Freiraum.

Farbe sticht Form

Wer an die Verwendung von Bäumen und Sträuchern im Garten denkt, denkt automatisch an Räumlichkeit, Dreidimensionalität, an vertikale Elemente, die den Raum formen, gliedern, rahmen oder in ihm als einzelnes Ausrufezeichen stehen. Sicher, das ist alles richtig. Aber auch zu einseitig, und vor allem wird es dem Gehölz nicht gerecht. Denn das kann noch viel mehr. Zum Beispiel Fläche gestalten.

- Fläche ist Ruhe. Ruhe in der Form und Ruhe in der Farbe. Um sie entspannend, jedoch nicht spannungslos wirken zu lassen, sind kleine Akzente erforderlich, die sanft strukturieren, aber die Oberfläche des Teppichs nicht aufwühlen. Sonst werden sie zu Stolperfallen in der Gestaltung. Perfekt gewählt und gesetzt sind sie, wenn man sich erinnert, dass da vielleicht etwas war, aber nicht mehr sagen kann, was es genau war, wenn die Fläche die nachhaltige Impression ist.
- Fläche schafft Weite. Denn Fläche ist Großzügigkeit und weist jegliche Kleinlichkeit und Kleinteiligkeit von sich. Davon gewinnen besonders kleine Gärtchen, aber auch große Anlagen können Profit daraus ziehen und mit großzügigem Ambiente dem Besucher Gelegenheit geben, tief durchzuatmen und innerlich weit auszuholen, ohne sich irgendwie beengt zu fühlen.
- Fläche ist Farbe. Genauer gesagt Farbeinheit. Wenn nur eine Art und Sorte gepflanzt wird, ist das selbstverständlich. Doch ein

Flächig pflanzen bedeutet immer auch Farbe flächig verwenden. Und die kann uns dann mit ihrer ganzen Kraft einnehmen und nachhaltig wirken. Wie das sonnige Gelb der Azaleen (Rhododendron luteum, linke Seite)*, die den Frühling verzaubern, aber als warme Erinnerung das ganze Jahr begleiten werden. Immer wenn dieser Teil des Gartens besucht wird. Solche Farbflächen müssen jedoch nicht aus einer Art bestehen, sondern es können auch ganz wunderbar verschiedene Pflanzen oder auch Gehölze und Stauden gemixt werden* (linke Seite unten)*. Gerade naturnahe Schattengärten, in denen Grün in allen erdenklichen Nuancen das Regiment führt, sind ideale Versuchsfelder für spannungsreiche Kombinationen mit interessantem Strukturwechsel. Modern formal, mit nur einer Art* (rechts, Buxus sempervirens)*, zum exakten Teppich geschnitten, wirkt das »grüne Beet« schon völlig anders.*

Teppich kann auch in einer Farbe gestaltet werden und dabei doch aus verschiedenen Arten bestehen. Gewissermaßen eine Art von monochromem Strukturteppich. Ein klein wenig »aufgeregter« als sein Pendant mit nur einer Pflanzenart, im Grunde aber immer noch absolut ruhig in der Wirkung.

Flächenhafte Pflanzungen mit einer oder wenigen Arten kennt man zwar schon lange – man denke nur an die kunstvoll strukturierten Knotenbeete der Renaissance, doch sind sie eher typisch für zeitgenössisches Gartendesign. In Skandinavien sind sie ein beliebtes Motiv. International bekannte Landschaftsarchitekten wie der Belgier Jacques Wirtz oder der deutschstämmige, in den USA tätige Wolfgang Oehme haben die Fläche, aus Stauden wie auch aus Gehölzen, sozusagen zu ihrem Markenzeichen gemacht. Wobei Fläche bitte nicht zu verwechseln ist mit »Bodendeckern«. Ein nüchternes Wort, das Pflegeleichtigkeit assoziiert – leider aber auch Monotonie. Mit Letzterem sollen die hier beschriebenen Pflanzungen nichts zu tun haben. Pflegeleicht sind sie dankenswerter Weise meistens schon, aber sie sind nicht langweilig oder monoton, sondern in angenehmer Weise einfach voller Ruhe mit dem gewissen Etwas.

Solche Pflanzungen können bei einheitlichem Grundmotiv sehr unterschiedlich sein. Sie finden sich in absolut formalen Entwürfen ebenso wie in naturhaften Anlagen. Sie können streng und exakt geradlinig abgegrenzt sein, auch selbst noch als absolut ebenes Tableau getrimmt sein, aber sich genauso mit benachbarten Teppichen aus anderen Arten und in anderen Farben sanft durchdringen, sodass die Ränder wie sanfte Wellen aneinander schlagen und eigentlich permanent in Bewegung sind.

Spannung und Dynamik – Kontraste, Struktur, Textur

Nichts ist langweiliger als totale Gleichförmigkeit. Auch die Schönheit der Ruhe wird erst dann deutlich, wenn sie eine kleine Brechung erfährt. Das gilt für das Gehörte in gleichem Maße wie für das Sichtbare. Unser Auge sucht nach dem Wechsel. Den so darzustellen und umzusetzen, dass er angenehm empfunden wird, ist die hohe Kunst der Gestaltung. Sodass sich nichts gegenseitig im Weg steht, sondern einer dem anderen bei seinem Auftritt den Rücken stärkt.

Die Kunst, Gegensätze ins Gleichgewicht zu bringen

Kontraste konzentrieren oder verteilen ist eine Grundsatzentscheidung in der Gestaltung. Bei Ersterem kommt die klassische Solitärverwendung zum Zuge. Für Letzteres hat man sich in diesem Garten entschieden und Säulenformen, die immer einen deutlichen Kontrast zu ihrer Umgebung provozieren, über das ganze Gelände verteilt.

Schöne Gärten sind real gewordene gute Entwürfe. Und Zeugnis eines guten Gärtners, der das einmal Gebaute nicht nur unterhält und auf dem einmal hergestellten Status quo erhält. Denn Gärten sind immer in Bewegung, dem ständigem Wandel unterworfen. Das ist ihre besondere Qualität. Schließlich sind sie im Wesentlichen aus lebendigen Baustoffen, den Pflanzen, errichtet und von diesen in ihrer Wirkung auch am stärksten bestimmt. Wachstum, Vergehen und Abtreten von der Gartenbühne gehören genauso zu den natürlichen Abläufen wie überraschende Neuentdeckungen in Form etwaiger von außen Eingewanderter oder von Sämlingen bereits angestammter Pflanzen. So ist alles im Fluss, und um schließlich nicht ungewollt allmählich im Chaos oder einem verzerrten, unschönen Bild zu enden, ist jedes Gartenleben in seiner Entwicklung beobachtend zu begleiten. Regulierende Eingriffe entsprechend des gewünschten Bildes gehören dazu.

Gegensätze ziehen sich an

In jedem Garten treffen Gegensätze aufeinander. Das liegt in der Natur der Sache, wenn verschiedene Materialien, Pflanzen, Formen und Farben benachbart sind. Werden diese einfach planlos nebeneinander gestellt, muss der Zufall schon das Glück als Gefährten haben, wenn das Ergebnis überzeugt und gelungen ist. Besser wird es in der Regel sein, Kontraste gezielt auszuwählen und einzusetzen, um so raffinierte oder aber spektakuläre Effekte zu erzielen.

- Licht und Schatten

Geschlossene Gehölzpartien, Hecken und dominante Einzelgehölze wechseln sich ab mit freien Flächen. So entsteht zugleich ein Wechsel zwischen Flächen und vertikalen Elementen im Garten, sodass der Garten seine Struktur und Räumlichkeit findet. Und reizvolle Spiele aus Licht und Schatten überhaupt erst möglich werden.

- Vordergrund/Hintergrund

Ruhige Hintergründe wie eine geschnittene Hecke schreien förmlich nach einem Solitär, der sich vor ihrer Kulisse aufbaut. Gleiches gilt umgekehrt. Auf bunte Hecken oder Akzente setzende Solitäre sollte im Umfeld mit Zurückhaltung geantwortet werden. Der Blick wird immer am auffälligsten Element hängen bleiben und kann so gezielt entweder in die Ferne geleitet oder – wie an Terrassen oder Sitzplätzen – dazu angehalten werden, sich zunächst auf die nächste Umgebung zu konzentrieren.

● Hell/Dunkel

Hell-Dunkel-Kontraste kommen immer dann am besten zur Geltung, wenn sie auf die Spitze getrieben werden. Wenn zum Beispiel die rein weißen Blüten einer Kirsche vor dem tiefen Grün einer Eibe oder anderer Koniferen zum Leuchten gebracht werden. Oder eine Kletterrose mit hellem Blütenschmuck eine Schwarzkiefer erobert. Oder ein gelblaubiges Gehölz sich vor einem satt grünem Hintergrund zum Besten gibt. Ein klassischer Hell-Dunkel-Kontrast ergibt sich aus jeder Kombination von Koniferen und Laubgehölzen. Spätestens im Winter wird er offensichtlich. Und ganz besonders da, wo das natürliche Licht am spärlichsten ist, wir uns aber am meisten danach sehnen, ist es einfach tabu, das Stimmung und Gemüt, aber auch die Wohnung erhellende Tageslicht selbst auszusperren. Unter anderem deswegen (auch weil´s anders einfach nicht gut aussehen würde) sollten Koniferen zu Laubgehölzen maximal im Verhältnis eins zu fünf bis eins zu vier gesetzt werden.

Subtilere Kontraste als mit den schon von der Ferne sich deutlich voneinander abgrenzenden Wuchsformen ergeben sich aus dem Nebeneinander verschiedener Blattformen, -größen und -oberflächen. Sie bestimmen ganz wesentlich die Stimmung einer Gartenszene mit. Die Abstufungen können auch hier sehr fein, mit sanften Übergängen sein, aber auch sich im extremen Gegensatz darstellen. So wie hier zwischen dem grob strukturierten, sehr großflächigen Laub der Japanischen Rosskastanie (Aesculus turbinata) *und den feinen Nadeln einer Kiefer.*

Eine Fülle von Strukturen – die weit ausholende Krone der Buche (Fagus sylvatica), *der Bogen im Hintergrund, das Staudenpotpourri – finden in der Buchseinfassung und dem grünen Rasenteppich ihre ruhigen Antagonisten. Diese Ruhe im Vordergrund gibt weiteren Kontrasten, wie zwischen dem rot leuchtendem Pfaffenhütchen* (Euonymus europaea) *und tief grüner Kiefer* (Pinus sylvestris) *erst die Chance, wirklich zu wirken.*

Formgehölze und geschnittene Hecken und Einfassungen ergeben ganz automatisch Kontraste, da ihre strenge Form in den natürlichen Wuchsformen nirgendwo eine Wiederholung findet. Ihr besonderer Wert liegt darin, dass sie dem »wilden Durcheinander« optischen Halt geben, sowohl durch ihre ruhige, glatte Form wie auch durch die einheitliche Farbgebung. Sie bleiben die Konstante im Wechsel der Jahreszeiten, der Farben und Strukturen rundum und prägen damit in besonderer Weise das Bild eines Gartens.

● Farbkontraste

Das Blättergewand der Bäume und Sträucher kann sanfte Kontraste aus verschiedenen Grüntönen ebenso aufweisen wie deutliche Gegensätze. Rotlaubiges, fast Schwarzlaubiges, Gelblaubiges und so genannte panaschierte Gehölze, die mehrfarbige Blätter (Grün mit Weiß, Grün mit Gelb) besitzen, weichen deutlich von der »grünen Norm« ab, fallen immer auf und ergeben so zwangsläufig Kontraste, die sich scharf abgrenzen. So sind die meisten von ihnen von vornherein vom Mannschaftsspiel ausgeschlossen und zur Solokarriere gezwungen. Und eine Diva duldet keine andere neben sich. Daher heißt es: Buntlaubiges sehr sparsam einsetzen!

Körpereinsatz

Unter Struktur versteht man bei Pflanzen deren Wuchsform und -richtung, ihr Gerüst. Das fällt von Art zu Art sehr unterschiedlich aus. Woraus sich wiederum Kontraste ergeben, die es zu nutzen gilt.

Manche Wuchsformen sind besonders strukturbetont. Dazu zählen die straff aufrechten, wie etwa Säulenformen. Oder alle Formgehölze. Schließlich sind bei ihnen Struktur und Form der Inhalt, Ziel und Zweck. Sie stehen absolut immer im Kontrast zu jedem anderen Gehölz, das sich gemäß seiner natürlichen, arttypischen Wuchsform entwickeln darf. Besonders ausgeprägt ist der Gegensatz auch deswegen, weil bei Formgehölzen meist perfekte, rein geometrische Figuren als Vorlage dienen, die in der natürlichen Pflanzenwelt kein Vorbild und auch kein Gegenstück finden. Die Wuchsformen, die die Natur selbst hervorbringt, sind in ihrer Wirkung sehr unterschiedlich:

Deutlich aufrecht wachsen Säulenformen wie Säulen-Eiche, Säulen-Hainbuche oder Säulen-Wacholder. Sie wirken dominant, vital und dynamisch.

Kriechende oder waagrechte Wuchsformen (z.B. Kriech-Wacholder, Teppichmispeln oder Kriechmispeln, Bäume und Sträucher mit ausladenden oder schirmartigen Kronen) bringen Ruhe.

Überhängenden Wuchs zeigen alle Trauerformen (wie Trauer-Weide oder Hängende Frühlings-Kirsche, Hänge-Buche). Solche Gehölze sind nur als Solitärs an ausgesuchten Orten einsetzbar. Von ihnen geht immer eine sehr melancholische Wirkung aus.

Weniger deutlich ausgeprägt ist dieser Eindruck bei überhängendem oder bogigem Zweiggerüst (Birken, Robinien, Hänge-Sommerflieder, Schmalblättrige und Silber-Ölweide u.a.).

Schließlich ergeben sich noch unendlich viele Spielmöglichkeiten mit den Kontrasten, die sich aus den unterschiedlichen Blattformen, den Texturen von grob bis sehr fein erzeugen lassen.

Gehölze und Stauden in guter Partnerschaft

Im Garten gibt es noch mehr Dauerbewohner als Bäume und Sträucher. Auch die Stauden richten sich – wenn auch nicht so lange wie ihre hölzernen Gefährten – in der Regel auf einen längeren Aufenthalt ein. Nur wirken sie etwas flüchtiger, verstecken sie sich während des Winters doch fast alle unter der Erde, um erst im Frühjahr, wenn die Sonne den Boden wieder erwärmt, erneut aus ihrem Versteck aufzutauchen. Manche von ihnen lieben das helle Licht, manche ziehen sich aber auch lieber an ein kühleres Fleckchen im Schatten zurück. Im Schutz von Bäumen und Sträuchern finden sie den Platz, an dem sie sich wohl fühlen.

Harmonisches Zusammenspiel

Stauden kann man nach verschiedenen Gesichtspunkten einordnen. Die heute geläufigste und sicher auch sinnvollste ist es, sie nach den so genannten Lebensbereichen zu gruppieren. Die Lebensbereiche geben einerseits an, wo die Stauden ihr natürliches Vorkommen haben, aber auch wie und wo sie im Garten, also an künstlich geschaffenen Standorten verwendet werden können.

Im Schatten und Halbschatten

Gleich zwei der acht Lebensbereiche sind direkt den Gehölzen zugeordnet, der Lebensbereich Gehölz und der Lebensbereich Gehölzrand. Die Stauden, die hier leben, stehen in engster Beziehung zu den Bäumen und Sträuchern, unter denen sie sich angesiedelt haben. Sie sind auf die Gehölze angewiesen, das Klima, das in ihrem Schatten herrscht, überhaupt die dort gegebenen Standortbedingungen. Relativ höhere Luftfeuchtigkeit, geringere Temperaturschwankungen bei Luft und Boden, eine geringere Belichtung, ein locker humoser Boden, der laufend durch die Zersetzung von Laub angereichert wird,

Gerade im Frühling bezaubern Stauden und Zwiebelpflanzen in Gehölzpartien oder auch am Fuß einzelner Gehölze. Besonders die Farbgewalt der kolonienartig auftretenden Frühlings- und Vorfrühlings-Zwiebelblüher ist ein Fest für die Augen. Später, wenn sie eingezogen sind, übernehmen Blattschmuckstauden wie Funkien (Hosta) *oder Wolfsmilch* (Euphorbia, *beide* vorhergehende Seite) *das schöne Regiment.*

bestimmen den Standort. Dem haben die Stauden sich angepasst:
Es sind sehr viele früh austreibende und sich früh entwickelnde Pflanzen vertreten, die ihren Entwicklungszyklus schnell abgeschlossen haben, z.T. schon bevor die Gehölze in voller Belaubung stehen. So kommen sie noch in den größten Lichtgenuss. Auch Zwiebelpflanzen sind häufig vertreten. Überhaupt hat der Garten im Schatten, was Blüten und Farbe betrifft, im Frühling seine absolute Hochzeit. Insekten finden im Schatten nur Blüten mit hellen Farben, die sich deutlich von der Umgebung absetzen. Daher ist an Blütenfarben fast ausschließlich Weiß, Gelb und helles Grün verteten. Was unter gestalterischen Aspekten auch nicht stört, schließlich schaffen es auch nur die hellen Farben, gegen den Schatten zu leuchten.
Schattenstauden besitzen ganz selten Mechanismen zum Schutz vor Verdunstung, wie Behaarung oder Wachsüberzug. Brauchen sie auch nicht. Blätter sind hier immer kräftig gefärbt. Und glänzen mit ihrem Blattschmuck im Sommer. Schließlich befinden sich in dieser Staudengruppe auch die schönsten der so genannten Blattschmuckstauden. Da viele von ihnen zudem winter- oder immergrün sind, schmücken sie den Garten ganzjährig.

Gehölze und Stauden sind aber auch in Beeten gute Partner. Schöne Blütensträucher wie die Schneeball-Hortensie (Hydrangea arborescens *'Annabelle',* oben) *sind ideale Strukturbildner mit dauerhafter Präsenz und fungieren als Solitäre im Staudenbeet, wie dieses reizvolle Schattenbeet mit Hosta und dem Gras* Hakonechloa macra *'Aureola' unter Beweis stellt. Im Beet unten ein Weißbunter Hartriegel* (Cornus alba *'Elegantissima').*

Frühsommerliche Impressionen aus einem bayerischern Garten. Gehölze und Stauden sind immer gute Partner. Staudenpflanzungen gewinnen durch die Präsenz der Gehölze, die dem Beet optischen Halt geben. Das gilt besonders, wenn die Staudenpflanzung eher naturnah und ungeordnet ist, wie dieses wunderbare Zusammenspiel aus Akelei (Aquilegia vulgaris) *und Paukenschläger-Lauch* (Allium rosenbachianum). *Das Gehölz dagegen, hier übrigens eine Frühe Zier-Kirsche* (Prunus sargentii *'Accolade'), könnte keinen schöneren Schmuck tragen als die wunderbaren Farben der Stauden.*

Farb-Magien

Farbe ist einer der ersten Eindrücke, die wir mit dem Auge wahrnehmen. Und sie ist Gefühl. Sie wirkt ganz unmittelbar auf uns und erzeugt Stimmungen. Auch die Planung von Gehölzpartien schließt die Planung mit Farben ein – wie diese Beispiele beeindruckend belegen. Raffinierte Farbklänge in Grau-Rosa ergeben sich aus der Kombination der Tamariske (Tamarix gallica) *mit einer Trockenmauer oder dem Nebeinander von rosa-weißer Fassade und Chinesischem Blumen-Hartriegel* (Cornus kousa *var.* chinensis), *dessen Blüten mit dem Beginn des Verblühens exakt den gleichen Farbton wie das Haus annehmen.*

Gelb in Gelb (bzw. Gelbgrün) antworten die Blüten der Kaiserkronen (Frittilaria imperialis) *auf den Austrieb des Tatarischen Hartriegels* (Cornus alba *'Elegantissima'). Eine raffinierte Note bringt die rot kontrastierende Rinde des Strauches, die – sehr wohltuend und genau richtig – wesentlich weniger gewichtet ist und den eigentlichen »gefährlichen« Kontrast der zwei warmen Farben zu einer raffinierten Farbkomposition werden lässt.*

Farbe ist sichtbar gemachtes Gefühl

Farbe ist eine Wahrnehmung, die uns das Auge als Hilfsmittel »übersetzt«, die zwar ohne Zweifel real, aber nicht greifbar ist. Farbe ist eine Empfindung, ein Phänomen, das uns auf der Gefühlsebene anspricht. Farbe ist wie sichtbar gewordene Musik, die uns – im günstigsten Fall, wenn ihr Einsatz gelungen ist – zum Schwingen bringt. Farbe ist eben einfach Magie, die uns verzaubern kann.

Und Farbe ist sichtbar gewordenes Licht, denn das was wir sehen, ist eigentlich die Reflexion des Lichts, der Lichtanteil, den ein Gegenstand, eine Oberfläche nicht absorbiert.

Farbe und Licht stehen also in einer sehr engen Beziehung zueinander. Schließlich bestimmt auch noch die Qualität des Lichts die Erscheinung der Farbe, was logisch ist, da Farbe schließlich sichtbar gewordenes Licht ist und nur das wiedergeben kann, was in diesem enthalten ist. In dunstigem Licht hat Blau seinen großen Auftritt, während rötliches Abendlicht warme Töne regelrecht zum Glühen bringt. In praller Mittagssonne läuft Gelb zur absoluten Hochform auf. Gerade bei der Gestaltung im Umgriff von Sitzplätzen oder Gartenbildern, die sich beim Blick aus einem Raum aufbauen, der vorwiegend zu einer bestimmten Tageszeit genutzt wird, lassen sich entsprechende Effekte ganz gezielt herausarbeiten.

Zweimal Rot in Rot und zweimal eine Kombination aus Gehölz und Staude. Links wetteifern Purpur-Fetthenne (Sedum telephium *'Herbstfreude') und Eichenblättrige Hortensie* (Hydrangea quercifolia) *miteinander.* Rechts *schwingen eine japanische Azalee* (Rhododendron-Arendsii-*Hybride 'Hinodegiri') und lilienblütige Tulpen im absoluten Farbgleichklang. Während das Farbfeuerwerk aus Azalee und Tulpe nur wenige Tage, bis zur Welke der Blüten sprüht, bereichert das Zusammenspiel aus Fetthenne und Hortensie den Garten während des gesamten Spätsommers und Herbstes.*

Auch mit Gehölzen lassen sich solche magischen Farbmomente erzeugen, wie die Beispiele auf diesen Seiten belegen. Ebenso wie sie beweisen, dass die Effekte am herausragendsten sind, wenn man eine Farbe, ein Motiv gewissermaßen übersteigert, indem man auf eine Farbe – sei es bei einer anderen Pflanze oder einem Totbaustoff – mit genau dem gleichem Farbton antwortet.
Gehölze malen im Garten mit den Farben ihrer Blüten, der Farbe ihres Laubes und der Herbstfärbung, mit ihrer Rinde und den Früchten. All diese Mittel können eingesetzt werden. Und es lohnt sich, nicht nur auf die kurzlebigen Blüten zu achten.

Farbe
ist Stimmung, daher ist Farbplanung immer auch gezielte Lenkung von Stimmungen im Garten.

- Blau ist Stille, Weite, Sehnsucht, Sympathie, wirkt raumvergrößernd und lässt Konturen verwischen.
- Rot ist Wärme, Feuer, Leidenschaft, Aufregung, Dominanz, lässt wie alle warmen Farben Dinge nah heranrücken und klar konturiert erscheinen.
- Grün ist Ruhe, Frische, Hoffnung.
- Gelb ist die Sonne, das Licht, Wärme.
- Violett ist Magie und Geheimnis.
- Rosa ist zarte Romantik.
- Weiß ist Reinheit, Unschuld, Perfektion.

Blick aufs Detail

In Hülle und Fülle – Schöne Blütengehölze

Was die meisten Menschen im Garten am stärksten begeistert und verzaubert, sind die blühenden Pflanzen. Kein Wunder, sind sie es doch, die die Farbe in den Garten tragen. Und die Farben sind es, die unser Gefühl bestimmen, die direkten Zugang zu unserer Seele finden. Wie könnten wir auch anders als enthusiastisch reagieren, wenn uns beim Spaziergang eine solche Wucht an Farbe entgegen leuchtet wie die magentafarbene Blütenwolke dieses Rhododendrons (Rhododendron-Impeditum-*Hybride 'Moerheim') oder die Blütentrauben des Gewöhnlichen Judasbaumes* (Cercis siliquastrum, oben)*, die den Baum vor und während des Laubaustriebs purpurrosa einhüllen.*

Zier- und Blüten-Kirschen gehören zu den schönsten, auffälligsten und bezauberndsten Blütengehölzen, die wir in unseren Gärten verwenden können. Ihre Blütenwolken sind üppigst und doch zugleich auch sehr zart. Die asiatischen Schönheiten erhellen mit ihrem Blütenschatz die Gärten ab dem zeitigen Frühjahr, von März bis April. Ganz oben *und* unten *ist die Rosa Schnee-Kirsche* (Prunus subhirtella *'Fukubana') mit ihren gefüllten Blüten zu sehen, in der Mitte eine Detailaufnahme der Blüte einer Nelken-Kirsche* (Prunus *x* serrulata).

Der Zauber des Augenblicks

Gestalten mit Pflanzen bedeutet immer auch mit deren Wechselspielen arbeiten. Das einzige, was ein Baum oder Strauch – abgesehen von den Immergrünen – das ganze Jahr über beibehält, ist seine Struktur, die Figur, das Volumen. Zumindest ändert sich das mit relativ langsamer Stetigkeit im Verlauf eines Pflanzenlebens. Andere Veränderungen kehren Jahr für Jahr im Rhythmus der Jahreszeiten wieder. Der Zauber der Blüten gehört zu eben diesen Phänomenen. Sie sind zwar recht vergänglich, bei der einen Art dauert das Schauspiel nur wenige Tage, andere schaffen es, über Wochen und Monate präsent zu sein, aber doch wird ein einmaliger Blütenrausch immer zu den wichtigsten Charakteristika eines Baumes oder Strauches gehören. Nicht umsonst verwenden wir den Begriff Blütengehölze.

Wildgehölze – Bodenständigkeit mit dezentem Charme

Wer sich in unserer heimischen Flora umschaut, wird feststellen, dass man hier nach extrem auffälligem Blütenschmuck vergeblich suchen wird. Der ist eher Fremdländischen vorbehalten. Das gilt in Bezug auf die Blütengröße wie auf das Farbspektrum gleichermaßen. Bäume und Sträucher aus unserer Flur blühen ausschließlich in Weiß, Rosa, Grün und Gelb (abgesehen von einer Kletterpflanze in Blau, *Clematis alpina*). Zum Teil mit sehr großer Blütenfülle, aber eigentlich immer mit eher kleinen Einzelblüten. Nun, macht auch

nichts, sie zelebrieren eben das Understatement.

Sie finden ihren Platz in Übergangsbereichen zur freien Landschaft, in ländlichen Gärten, naturnahen Gärten – und in jedem anderen Garten als Grundgerüst der Pflanzung.

Heimische und eingebürgerte Wildgehölze mit interessantem Blütenschmuck sind:

- Kornelkirsche *(Cornus mas*, gelb): Ihr besonderer Wert ist, als Vorfrühlingsblüher im März den anderen schon weit voraus zu sein!
- Flieder (*Syringa vulgaris,* lila)
- Spitz-Ahorn *(Acer platanoides,* gelbgrün)
- Gewöhnliche Felsenbirne *(Amelanchier ovalis,* weiß)
- Vogel-Kirsche *(Prunus avium,* weiß)
- Robinie *(Robinia pseudoacacia,* weiß)
- Rosskastanie *(Aesculus hippocastanum,* weiß)
- Gewöhnlicher Schneeball *(Viburnum opulus,* weiß)
- Schwarzer Holunder *(Sambucus nigra,* weiß)
- Wild-Rosen *(Rosa* sp., rosa, karmin, weiß, creme)
- Sauerdorn *(Berberis vulgaris,* gelb)
- Gewöhnlicher Seidelbast *(Daphne mezereum,* karminrosa): Achtung: hoch giftig!
- Ginster *(Cytisus* sp., *Genista* sp., gelb)

Von einigen Arten wie Gewöhnlichem Schneeball, Vogel-Kirsche oder Kastanie gibt es Auslesen und Sorten mit abweichendem, auffälli-

Ein absolut fantastisches Ensemble! Von links nach rechts: *Heimischer Feld-Ahorn* (Acer campestre) *mit bereits ausgetriebenem Laub, in der Mitte eine Scharlach-Kirsche* (Prunus sargentii, *Heimat Japan), die abgeblüht ist und nun mit ihrem auffällig bronzefarbenen Laubaustrieb in Kontrast zu den strahlend weißen Blüten der heimischen Steinweichsel* (Prunus mahaleb, *rechts) steht. Eine unglaubliche Steigerung des Blütehöhepunkts.*

Weiß ist der Farbe der Reinheit und Perfektion und besitzt eine besonders starke Leuchtkraft. Sie ist aber auch neutral, kann zu jeder anderen Farbe gesetzt werden, braucht diese jedoch nicht für die eigene Wirkung.
Von oben nach unten: *Die aus Europa, dem Kaukasus und Kleinasien stammende Filz-Rose* (Rosa tomentosa, *der Name kommt von der filzigen Behaarung an der Unterseite der Blätter) mit ihren ganz zart rosa angehauchten, fast weißen Blüten, der heimische Eingrifflige Weißdorn* (Crataegus monogyna), *Nuttalls Blüten-Hartriegel* (Cornus nuttallii, *Heimat westliches Nordamerika) mit einer »optischen Täuschung«: Die weißen Brakteen, die wie bei allen Blumen-Hartriegeln die eigentliche Blüte umgeben, sind botanisch betrachtet in Wirklichkeit umgestaltete Hochblätter. Schließlich der Schneeglöckchenbaum* (Halesia carolina) *mit hängenden, glockenförmigen Blütenbüscheln.*

gerem Blütenschmuck (gefüllt blühend, neue Blütenfarbe), die deren Wert als Ziergehölz noch steigern.
Eine Bereicherung sind auch Wildgehölze anderer Regionen, die wegen ihrer Blütenschönheit den Weg in unsere (Natur-)Gärten gefunden haben. Zu erwähnen sind hier zum Beispiel die Kupfer-Felsenbirne *(Amelanchier lamarckii),* die Tatarische Heckenkirsche *(Lonicera tatarica)* oder der Schmetterlingsstrauch *(Buddleja davidii).*

Frühling

Höhepunkt der Blütezeit bei allen Gehölzen, ob heimisch, fremdländisch oder Produkt züchterischer Arbeit, ist der Frühling. Dann sind die Gehölze mit ihren blütenbesetzten Kronen die Farbträger im Garten, unter denen sich Kolonien von blühenden Zwiebelpflanzen und erster bodendeckender Stauden verneigen und in wunderschönen gemeinsamen Farbklängen den Garten zu Saisonbeginn verzaubern. Da pastellige Farbtöne vorherrschen, entstehen Bilder voller anmutiger Romantik.
Von April bis Mitte Juni sind dank der großen Auswahl an blühenden Gehölzen die Möglichkeiten, auch in der Vertikalen, in luftigen Höhen und nicht nur im Beet mit Farbe zu gestalten, bei weitem am größten.
Eine Sonderstellung nehmen die Rhododendren und Azaleen mit ihren unendlich vielen Arten und Sorten ein. Nicht nur, weil sie besondere Ansprüche an den Standort stellen (lo-

cker-humoses, saures Substrat, lichter Schatten im Schutz größerer Gehölze, relativ hohe Luft- und Bodenfeuchtigkeit), bei deren Nichtbeachtung sie sofort mit recht unansehnlichem Äußeren strafen. Sondern auch weil bei ihnen die gesamte Farbpalette vorkommt.

Romantisches, heiteres Rosa bis hin zu kräftigem Purpur zeigen viele asiatische Blüten-Kirschen und andere zierende Kirschen *(Prunus subhirtella* 'Fukubana', *Prunus sargentii, Prunus cerasifera* 'Nigra', *Prunus* x *serrulata* in den Sorten 'Kanzan', 'Schmittii' und 'Kiku-shidare-zakura', *Prunus triloba)*, der Gewöhnliche Judasbaum *(Cercis siliquastrum),* Magnolien *(Magnolia liliiflora* 'Nigra', *Magnolia* x *soulangiana)*, Oster-Schneeball *(Viburnum* x *burkwoodii)*, viele Zier-Äpfel *(Malus floribunda*, *Malus*-Hybriden in Sorten), Weigelien *(Weigela florida, Weigela*-Hybriden) und der Chinesische Flieder *(Syringa* x *chinensis).*

In strahlendem Weiß leuchten Spiersträucher *(Spiraea thunbergii, S.* x *arguta, S.* x *cinerea* 'Grefsheim', *S.* x *vanhouttei, S. nipponica)*, einige Zier-Kirschen *(Prunus* x *yedoensis, Prunus* x *serrulata* 'Shimidsu-Sakura') und -Äpfel (Malus-Hybriden in Sorten), Stern-Magnolie *(Magnolia stellata)*, Blüten-Hartriegel *(Cornus florida, C. kousa* var. *chinensis, Cornus nuttallii)*, Pfeifensträucher *(Philadelphus coronarius, Ph.*-Hybriden), ein Teil der Deutzien *(Deutzia* x *magnifica, D. scabra* 'Candidissima') und die meisten Schneebälle *(Viburnum plicatum, V.* x 'Pragense', *V.* x *carlcephalum, V. carlesii, V. opulus).*

Gelb ist Wärme und Licht, und so wirkt es auch auf unsere Stimmung. Es erhellt sowohl das Gemüt als auch den Garten. Besonders etwas dunklere, unwirtliche Ecken können aus der sonnigen Ausstrahlung gelber Blüten Profit schlagen. Im Sonnenlicht selbst wetteifern sie mit dessen Leuchtkraft und werden zugleich von diesem wohlwollend in ihrem Auftritt gefördert.
In dieser Reihe strahlen von oben nach unten *eine* Hamamelis-*Hybride bzw. Zaubernuss* (Hamamelis x intermedia), *eine Azalee, die heimische Gewöhnliche Berberitze* (Berberis vulgaris) *und der Ranunkelstrauch* (Kerria japonica), *hier in der ungefüllten Wildform. Während die Zaubernuss in Winter und Vorfrühling ihre Blüten entrollt, zeigen Azalee, Berberitze und Kerrie im Frühjahr ihren Flor.*

Magnolien residieren mit ihrer natürlichen Majestät wie Königinnen in jedem Garten. Dass sie damit auch einen Platz einfordern, der ihrer würdig ist, um ihre ganze Pracht und Eleganz reich entfalten zu können, versteht sich da von selbst. Magnolien sind immer in Solitärstellung zu verwenden, egal um welche Art es sich handelt. Ihre fast unwirkliche Blütenwucht hat eine nicht zu übertreffende Fernwirkung und wird durch ihre anmutige Figur noch unterstrichen.

Blütengehölze in weiß und pastelligen Tönen machen aus jedem Garten einen Ort der Romantik. Wirken sie doch wie ein zarter Schleier, wie eine luftig, lockere Tüllwolke. Wenn die Blüten dann noch kaskadenartig überhängen wie hier bei den Ramblerrosen 'Bobbie James' und 'Treasure Trove' (oben), *wird der Gleichklang aus Form, Farbe und Stimmung perfekt.*
Ideale Beimischung in gemischten Blütenhecken oder schöne Hintergrundpflanze in Staudenbeeten mit Solitärwirkung ist die Kolkwitzie (Kolkwitzia amabilis, unten), *die ihren Flor von Mai bis Juni zeigt. Zu ihren weiteren Pluspunkten zählt ihre Schattenverträglichkeit.*

Mit gelben Blüten schmücken sich Hohe Scheinhasel *(Corylopsis spicata),* Forsythie *(Forsythia* x *intermedia* in Sorten), Ranunkelstrauch *(Kerria japonica* in Sorten), Mahonien *(Mahonia aquifolium)*, Gold-Johannisbeere *(Ribes aureum)*, Berberitzen *(Berberis* sp. in Sorten) und Goldregen *(Laburnum anagyroides, L.* x *watereri* 'Vossii').
Zierquitten *(Chaenomeles speciosa, Ch.*-Hybriden) und Blut-Johannisbeere *(Ribes sanguineum* in Sorten) bringen schließlich noch Rot mit ins Spiel.

Sommer

Der Sommer ist die Zeit des Reifens, und die Gehölze ziehen sich in der Mehrzahl aus dem blühenden Reigen zurück. Wer jetzt noch Farbe bekennt, ist dafür wertvoller Partner in Staudenbeeten. So wie alle Varianten von Rosen, die nun die Bühne bis in den Herbst hinein beherrschen.
Kolkwitzien, Deutzien, Schmetterlingssträucher, Flieder *(Syringa* sp. und -Hybriden), Sommer-Magnolie *(Magnolia sieboldii),* Perückenstrauch *(Cotinus coggygria),* Hortensien und andere bereichern den frühen Sommer.

Herbst

In den Herbst hinein blühen mit ihrem Dauerflor, der monatelang anhält, einige der Sommerblüher, so etwa viele Rosen, Schmetterlingssträucher, die Heidetamariske *(Tamarix ramosissima)*, Hortensien *(Hydrangea macro-*

phylla, H. sargentiana, H. arborescens, H. paniculata) und Garten-Eibisch *(Hibiscus syriacus)*. Und die dauerblühenden Zwerggehölze von Fingerstrauch *(Potentilla fruticosa)* über Sommer- und Zwergspieren *(Spiraea* x *bumalda, S. japonica)* bis hin zum Johanniskraut *(Hypericum* 'Hidcote', *H. calycinum)*.

Winter

Selbst im Winter wagen es ein paar Hartgesottene, ihre Blütenknospen zu öffnen und der Sonne entgegenzustrecken. Zum Schutz vor allzu starken Frösten haben alle den Mechanismus entwickelt, bei entsprechender Witterung einfach die Blütenblätter einzurollen bzw. die Blüten zu schließen und so, mit schützender Eishülle, wieder auf bessere Tage zu warten. Die zauberhaften Zaubernüsse *(Hamamelis*-Arten und -Hybriden) mit ihren fedrig zarten Blütenbüscheln von Gelb über Orange bis hin zu tiefem Rot gehören mit ihrer Farbpalette sicher zu den bekanntesten Winterblühern. Daneben trotzen aber auch noch die winterblühenden Sorten der Japanischen Blüten-Kirschen *(Prunus subhirtella* 'Autumnalis' und 'Autumnalis Rosea'), Winter-Jasmin *(Jasminum nudiflorum)* und winterblühende Schneeball-Arten *(Viburnum* x *bodnantense* 'Dawn', *V. farreri)* den eisigen Temperaturen und begleiten die langen Monate von Ende Oktober bis März/Anfang April.

Was gibt es Schöneres, als wenn sich Nutzen und Schönheit ohne weiteres Zutun die Hand geben? Obstbäume aller Art, eigentlich gepflanzt, um ihre köstlichen Früchte ernten zu können, sind wahre Naturschönheiten. In Gruppen oder als Obstwiese werden sie zur Blütezeit im Frühjahr zum Großereignis (oben). *Während Obstbäume sich in Garten und Landschaft gleichermaßen wohl fühlen, sehnt sich der aus China und Japan stammende Japanische Schneeball* (Viburnum plicatum f. tomentosum, unten) *schon eindeutig nach der geschützten Welt des Gartens. Er blüht von Mai bis Juni mit seinen aparten weißen Schirmrispen.*

Es liegt was in der Luft ... Düfte und Aromen

Gärten sind Erlebnisräume voll von sinnlichen Eindrücken. In erster Linie wird natürlich das Auge angesprochen. Doch auch alle anderen Sinne bleiben durchaus nicht auf der Strecke. Nicht zuletzt der Geruchssinn, der im Freien auf Schritt und Tritt neue Eindrücke sammeln kann. Gezielt eingesetzt können Pflanzendüfte himmlische Momente in den Garten zaubern. Solche sind in jedem Fall garantiert, wenn der süße Wohlgeruch einer duftenden Heckenkirsche (Lonicera x purpusii, linke Seite) *oder Lichtmess-Zaubernuss* (Hamamelis mollis, rechts) *um die Nase streicht.*

Immer der Nase nach

Einige Sträucher verbinden in sich Blütenschönheit mit Wohlgeruch. Die Schneebälle (Viburnum) *darf man ohne Zweifel dazuzählen. Hier zeigt* Viburnum x juddii (links) *seine zartrosanen Blüten, die im Garten süßen Duft verströmen. Aber auch die winterblühenden Kollegen* Viburnum x bodnantense *und* Viburnum farreri *wie auch die Frühlingsblüher* Viburnum x burkwoodii, Viburnum x carlcephalum *und* Viburnum carlesii *dürfen sich zu den herausragenden Duftgehölzen zählen. Schmetterlingssträucher (hier* Buddleja davidii-*Hybride 'Pink Delight') ziehen nicht nur alle Arten von Schmetterlingen, Faltern und Hummeln an, auch wir können dem verlockenden Duft der auffälligen Blütenrispen nicht widerstehen. Damit ist ihnen einen Platz in Terrassennähe gesichert!*

Garten ist Natur, Leben, Veränderung. Ein Fest für die Sinne, das uns jeden Tag, ja eigentlich jeden Moment neue Genüsse auftischt. Für alle unsere fünf Sinne, vom Sehen übers Hören, Riechen, Tasten bis hin zum Schmecken. Bäume und Sträucher bieten zunächst etwas für die Augen, umschmeicheln mit dem Gesang ihrer im Wind raschelnden Blätter unsere Ohren, manche verwöhnen uns mit köstlichen Früchten und alle bieten sich »mit Haut und Haaren« an für endlose Tastspiele. Bliebe noch der Geruchssinn. Und auch er findet im Garten seinen ganz eigenen Garten Eden, in den vielen duftenden und aromatischen Gehölzen, die hier den sinnlichen Reigen erweitern.

Duft – oder Aroma?

Grundsätzlich ist zu unterscheiden zwischen den Begriffen Duft und Aroma, denn wir erlangen ihre wohltuende Wirkung auf jeweils ganz andere Weise. Düfte sind etwas Zwangloses, sie strömen von ganz alleine aus und schwängern so die Luft. Sie strömen von den Blüten der Pflanzen aus. Aromen dagegen schlummern versteckt in der Pflanze, bis wir sie zum Beispiel durch Zerreiben von Blättern und Rinde oder das Anbrechen von Zweigen aus ihrem Schlaf wecken. Beide können sich am intensivsten an warmen und windstillen Tagen entfalten.

Zu den Duftgehölzen zählen unter den Bäumen die Schmalblättrige Ölweide *(Eleagnus angustifolia)*, die Baum-Heckenkirsche *(Loni-*

cera maackii), Magnolien *(Magnolia* in Arten und Sorten), einige Zieräpfel *(Malus* in Arten und Sorten), die Robinie *(Robinia pseudoacacia)* und die Linden *(Tilia* in Arten und Sorten). Sträucher mit wohlriechenden Blüten sind Buddleien *(Buddleja davidii*-Hybriden, *Buddleja alternifolia)*, der Echte Gewürzstrauch *(Calycanthus floridus)*, die Zimterle *(Clethra alnifolia)*, Scheinhaseln *(Corylopsis)*, Seidelbast *(Daphne)*, Zaubernüsse *(Hamamelis)*, einige der Heckenkirschen *(Lonicera)* oder auch die wunderschönen duftenden Vertreter unter den Schneebällen *(Viburnum)*.

Mit aromatischem Laub überraschen der Judasbaum *(Cercidiphyllum japonicum)*, Walnuss *(Juglans regia)*, Buchs *(Buxus sempervirens)*, die Rote Teppichbeere *(Gaultheria procumbens)*, die Wein-Rose *(Rosa rubiginosa)* – und natürlich viele der Nadelgehölze.

Gehölze

Die größte Wirkung zeigen duftende und aromatische Gehölze

- in der Nähe von Sitzplätzen, wo sie Mußestunden im Garten versüßen.
- am Hauseingang, dort wo wir selbst, aber auch alle Besucher von ihrem Wohlgeruch empfangen werden.
- in windgeschützten Ecken, da sie sich hier am besten konzentrieren.
- an einem sonnigen, warmen Plätzchen, da sie sich hier am besten entfalten.

Der Sommerflieder (Buddleja alternifolia) *gibt sich in seinem Äußeren zwar wesentlich dezenter als seine Kollegen* (siehe links unten), *was die Intensität des Duftes betrifft, kann er es aber ohne weiteres mit ihnen aufnehmen. Gerade an romantischen Sitzplätzen ist er mit seinen bogenförmig überhängenden Zweigen ideal platziert. Beide Buddleja-Arten sind auch deswegen so wertvoll, weil sie vom Sommer bis in den Herbst hinein blühen, wenn die meisten Blütengehölze ihren großen Auftritt bereits hinter sich haben. Mit honigartigem Duft versüßt der Federbuschstrauch* (Fothergilla, unten) *den Mai. Das attraktive Blütengehölz überrascht im Herbst noch einmal mit einer überragenden Herbstfärbung.*

Von anmutiger Figur – Gehölze mit attraktivem Wuchs

Der berühmte erste Eindruck ist das, was unser Auge aufnimmt. Das ist zwar, wie wir alle wissen, nicht immer gerecht, bleiben doch so die »inneren Werte« im Hintertreffen. Und das nicht nur bei uns Menschen, sondern bei allem, was uns begegnet, auch in Natur und Garten. Aber warum auch nicht: In einer Umgebung, die das Auge erfreut, fühlt man sich auch gleich wohler. Im Garten sind attraktive Gehölzstrukturen wie die der Flaum-Eiche (Quercus pubescens, linke Seite) *oder die verwunschen bizarre Kornelkirsche* (Cornus mas, rechts) *echte Eyecatcher.*

Scheinhaseln (Corylopsis pauciflora, oben) *und Zaubernüsse* (Hamamelis) *verzaubern im Winter nicht nur mit ihrem warm strahlenden Blütenschmuck, sondern immer auch mit ihrer eleganten Struktur. Sie gehören zu den schönsten Ziergehölzen überhaupt, die wir in unseren Gärten verwenden können. Manchmal ist die besondere Struktur aber nicht von der Art oder Sorte naturgegeben, sondern entwickelt sich durch das Zusammenspiel der äußeren Faktoren am Standort* (unten). *Das Ergebnis ist dann jedoch nicht minder beeindruckend.*

Eigenwillige Persönlichkeiten

Ein Baum oder Strauch kann viel mehr bieten als nur ein grünes Gewand oder schöne Blüten. Auch ohne diese Zutaten, Kleidung und Schmuck, sozusagen nackt und reduziert auf ihr Gerüst, ihre Struktur, kann die eine oder andere Art und Sorte einen erfreulichen Anblick bieten, manchmal sogar zum Ereignis werden. Solche Exemplare sind ganzjährig ein Gewinn für den Garten, besonders werden wir ihre kraftvolle Ausstrahlung aber im Winter zu schätzen wissen.

Naturschönheiten und in Form gebrachte Zöglinge

Ursache und Wirkung dieser besonderen Schönheiten lassen sich in verschiedenen Gruppen zusammenfassen.

Naturschönheiten: Es ist wie bei uns Menschen auch. Manche sind, wie man sagt, von der Natur gesegnet. Allein schon wegen ihrer genetischen Voraussetzungen werden sie sich zu wahren Schönheiten entwickeln, die keine weitere Zutat benötigen, um alle Aufmerksamkeit auf sich zu ziehen. Unter den Bäumen und Sträuchern dürfen sich zum Beispiel Magnolien *(Magnolia* sp.), Zaubernüsse *(Hamamelis* sp.), Glockenhasel *(Corylopsis pauciflora)*, verschiedene Ahorne wie Fächer-Ahorn *(Acer palmatum)* oder Feuer-Ahorn *(Acer ginnala)*, Blumen-Hartriegel *(Cornus florida, C. kousa, C. nuttallii)*, Kupfer-Felsenbirne *(Amelanchier lamarckii)* oder manche Zier-Kirsche zu dieser Spezies zählen.

Zufallsprodukte: Manchmal sind einfach die Umstände schuld, natürlich immer gepaart mit einer natürlichen Veranlagung, wenn eine Struktur oder Wuchsform entsteht, die vielleicht nicht klassisch schön, in jedem Fall aber hoch interessant ist. Die Bedingungen am Wuchsort, Belichtung, Wind und Wetter haben schon so manches Gehölz zu einer interessanten Persönlichkeit erzogen. Obstbäume mit vom Wetter gezeichneten Kronen, windgepeitschte Kreaturen oder Gehölze mit Unikatcharakter, die ihre Zweige aus dem Schatten oder Halbschatten dem Licht entgegenästeln, kennt sicher jeder.

Sorten mit besonderem Wuchs: Aus der Auslese von Sorten mit als interessant empfundenem Krüppelwuchs (etwa Korkenzieherformen) oder Kugelformen, die aus aufgepfropften so genannten »Hexenbesen« entstehen, wurden Gehölze mit auffälligen Strukturen, die diese Fähigkeit gewissermaßen auch »natürlich« in sich tragen, neu kreiert. Sie weichen aber so deutlich von den Naturformen ab, dass sie sehr sparsam eingesetzt werden sollten.

Verwendungsmöglichkeiten von »Figurwundern« bei Bäumen und Sträuchern sind ein Gewinn im Garten

- als frei stehende Solitäre, sodass ihr Stolz und ihre Anmut am besten wirken können.
- als Bereicherung des winterlichen Gartens, da sie dann ihre Aufsehen erregende Struktur am besten zur Schau stellen können.

Korkenzieherformen sind eigentlich die Auslese von Exemplaren einer Art, die mit einem speziellen Virus infiziert sind. Sie sind also eigentlich »krank«, was dazu führt, dass solche Sorten immer weniger Wuchskraft zeigen als die Wildart. Rechts im Bild eine Korkenzieherhasel (Corylus avellana *'Contorta'). Freigestellt und im Gegenlicht, das ihre Figur deutlich umrissen darstellt, haben bizarre Wuchsformen ihren schönsten Auftritt* (unten).

Eine schöne Haut – Rinden mit besonderer Ausstrahlung

Die Haut ist immer mehr als nur pure, schützende Hülle. Sie ist ein ganz wesentliches Kriterium, an dem Schönheit gemessen wird. Gepflegte Haut mit schöner Farbe trägt einfach ungemein zur Attraktivität bei, viel mehr als jeder aufgetragene Schmuck es tun könnte. Dabei muss sie keineswegs glatt sein, gerne darf sie interessante Spuren von Wetter und Alter tragen und die Eigenart ihres Trägers zeigen. Um uns dann so zu beeindrucken wie das glänzende Rotbraun der Mahagoni-Kirsche (Prunus serrula, linke Seite) *oder das leuchtende Rot des Sibirischen Hartriegels* (Cornus alba *'Sibirica').*

Mit den Augen erkennen, mit den Händen begreifen

Reines Weiß hat einfach die größte, nicht zu übertreffende Leuchtkraft. Seine Fernwirkung ist phänomenal. Wie die Stämme dieser Himalaja-Birke (Betula utilis) *unter Beweis stellen, die mit ihrem hellen Strahlen alles um sich herum in den Schatten stellt.*
Überhaupt stellen die Birken die Gattung mit den meisten Rinden-Schönheiten. Neben der oben genannten und den beiden heimischen Baumarten (Betula pendula, Betula pubescens) *stehen noch die Kupfer-Birke* (Betula albosinensis), *die Gold-Birke* (Betula ermanii), *die Bronze-Birke* (Betula maximowicziana), *die Schwarz-Birke* (Betula nigra), *die Papier-Birke* (Betula papyrifera) *oder die Japan-Birke* (B. platyphylla japonica) *zur Auswahl.*
Doch Farbe ist nicht alles, was an Rinden reizvoll sein kann. Auch das Muster und die Struktur haben Bühnenqualitäten (unten).

Rinden haben verschiedene Qualitäten. Einige sind so ungewöhnlich gefärbt, dass sie unseren Blick einfach magisch anziehen. Sie besitzen damit eine herausragende Eigenschaft, die sie deutlich von ihren Nachbarn abhebt, ihnen Einmaligkeit und Unverwechselbarkeit verleiht.
Damit nun all die anderen »Allerweltstypen« unter Bäumen und Sträuchern nicht unbeachtet ins Abseits gedrängt werden, gibt es noch eine besondere Eigenschaft, die Rinden besitzen und absolut alle ihre Träger vereint. Sie sind alle miteinander eine Erlebniswelt für den Tastsinn, den spannendsten unserer Sinne. Jede Rinde besitzt eine ganz eigene Haptik, glatt, gerippt, gefurcht, genoppt, rau, glatt, schuppig – es gibt einfach alles!

Winterschönheiten

Doch zugegebenermaßen sind es auch hier, unter den Rinden, wieder die mit der auffälligsten Optik, die zunächst am markantesten sind. Sie sind es auch, die den winterlichen Garten, wenn sie sich in ihrer ganzen Pracht zur Schau stellen können, am stärksten akzentuieren – übrigens mindestens genauso stark, dabei aber vielfältiger in der Erscheinung als die Immergrünen. Weiß, zinnoberrot, gelb, mahagonifarben, auffällig gefleckt, gescheckt, gestreift sind sie Überraschungsmomente, die es im Garten viel mehr zu nutzen gilt.

Platanen (Platanus x acerifolia) *bekennen mit ihrem Camouflagemuster deutlich Farbe. Und zeigen auch ständig ein neues Gesicht. Durch immer wieder plattenartig abblätternde Rindenteile wird der Cocktail aus grünen, cremefarbenen, braunen und gräulichen Flecken neu gemixt.*

Rinden bieten sowohl mit ihren Farben wie auch mit ihren Strukturen ein breites Spektrum an Gestaltungsmöglichkeiten.
Farbträger sind zum Beispiel die Mahagoni-Kirsche (Prunus serrula, S. 94 links oben)*, die Himalaja-Birke* (Betula utilis, S. 94 rechts oben) *oder die Gold-Birke* (Betula ermanii, S. 95 rechts unten). *Durch die Musterung ihrer Haut bestechen die Rindenschmuck-Ahorne, wie der Amerikanische Streifen-Ahorn* (Acer pensylvanicum, S. 95 links oben), *der Zimt-Ahorn* (Acer griseum), *der Rote Schlangenhaut-Ahorn* (Acer capillipes), *der Davids-Ahorn* (Acer davidii) *oder der Rostbart-Ahorn* (Acer rufinerve).

Grob furchig zeigt sich die Kork-Eiche (Quercus suber, S. 95 rechts oben), *unsere heimische Stiel-Eiche* (Quercus robur, S. 95 rechts Mitte) *ist dagegen verhältnismäßig fein strukturiert.*
Eine faszinierend glatte Haut bewahren sich zum Beispiel der Tulpenbaum (Liriodendron tulipifera, S. 94 links Mitte) *oder die Cilicische Tanne* (Abies cilicica, S. 95 links Mitte). *Während andere Koniferen, wie die Schwarz-Kiefer* (Pinus nigra, S. 94 links unten) *oder die Siskiyou-Fichte* (Picea breweriana, S. 94 rechts Mitte) *sich spröde borkig oder schuppig geben.*
Es gleicht in der Welt der Bäume einfach keine Haut der anderen.
Es lohnt sich also, deren Welt mit offenen Augen – und Händen – zu erkunden!

Farbe, Form, Verwandlung – Das Blatt im Fokus

Von Bäumen und Sträuchern zu erzählen und dabei kein Wort über das Blatt zu verlieren, wäre gedankenloser Frevel. Sie sind das schmucke Kleid, das im Frühjahr angelegt wird, ein prächtiges Sommerfest feiert und im Herbst schließlich in so manchem Fall noch mit einem großen Paukenschlag seinen letzten unvergesslichen Auftritt hat. Es setzt sich wie Patchwork aus der Summe unzählig vieler Blätter zusammen, um so mit vereinten Kräften zusammenzuwirken, sei es im Farbspektakel der Herbstfärbung (Fächer-Ahorn, Acer palmatum, linke Seite) *oder im grünen Gewand des Sommers* (Acer truncatum, oben).

Nicht immer sind die Blätter den Blüten voraus. Beim Judasblatt- oder Katsurabaum (Cercidiphyllum japonicum, oben) *zeigen sich knapp vor dem Blattaustrieb oder zusammen mit ihm die in den Blattachseln stehenden Blüten. Hier sind die interessanten weiblichen Blüten des zweihäusigen Baumes zu sehen, die ebenso wie der Blattaustrieb karminrot überhaucht sind.*
Unauffällig im Sommer, ein Feuerwerk in Rosa über Orange bis Karmin im Herbst: Pfaffenhütchen (hier Euonymus hamiltonianus ssp. sieboldianus, unten) *gehören zu den Gehölzen mit der faszinierendsten Herbstfärbung.*

Blatt für Blatt

Blätter tragen alle Bäume und Sträucher, absolut alle, auch die Koniferen. Denn nichts anderes sind auch deren Nadeln.
Blätter sind Organe, ein simples Werkzeug für die Gehölze. Mit ihnen wird assimiliert, in der Fotosynthese werden aus Kohlendioxid und Wasser unter Einwirkung von Licht und Temperatur Kohlenhydrate gebildet, die der Ernährung der Pflanze dienen. Dafür wird das Chlorophyll, der grüne Blattfarbstoff benötigt. Also sind Blätter grün. Und für uns fällt dabei auch noch etwas ab, nämlich der Sauerstoff, der ein Produkt dieser chemischen Reaktion ist. Soweit die rein nüchterne Betrachtung, die zwar völlig richtig ist und einen sowohl für die Pflanzen wie auch uns lebenswichtigen Vorgang beschreibt. Doch die allein wird dem Blatt nicht gerecht. Denn Blätter sind auch Schönheit und unendliche Variation. Ihr kleiner jährlicher Zyklus des Werdens und Vergehens ist für uns das Symbol schlechthin für das Werden und Vergehen von allem, von den Kreisläufen, in die alles und jeder mit eingebunden ist. Und sie sind auch Symbol für Zeitlosigkeit und dauerhafte Gültigkeit. Denn ihr Kleid kommt niemals aus der Mode, Jahr für Jahr wird es beharrlich wieder übergestreift, ohne dass es abgegriffen wirken würde. Blätter sind Leben. Nicht nur wegen der oben beschriebenen Funktion, die sie erfüllen, sondern weil ihr Erscheinen im Frühjahr zeigt, ob Baum und Strauch noch leben. Weil sie uns zeigen, wie es um einen Baum steht, je nach-

dem, ob der Kopfschmuck üppig dicht ist oder schütter wirkt, weil ungünstige Faktoren oder schleichende Altersschwäche an seiner Vitalität nagen.

Schließlich ist es noch ihre kräftige Farbe, die Leben versprüht, ebenso wie ihr rauschender Gesang, wenn der Wind ihre Frisur zerzaust oder Falllaub zum Knistern und Rascheln bringt.

Form und Oberfläche

Jedes Blatt ist ein kleines Kunstwerk. Jedes Blätterkleid ist eine Kunstsammlung. Von Art zu Art gleicht kein Blatt dem anderen, jede Form ist absolut spezifisch und lässt wie ein Fingerabdruck jede Baum- und Strauchart eindeutig indentifizieren. Jede Form hat ihren eigenen Reiz, manche sind unauffälliger und häufiger vertreten, andere ziehen die Aufmerksamkeit derart auf sich, dass ihr Träger allein schon durch sie solitärfähig wird.

Blätter können rundlich, elliptisch, eiförmig und verkehrt eiförmig, länglich, lanzettlich, spatelförmig oder nadelförmig sein. Allein auftreten oder sich zu Fiederblättern zusammentun. Einen ganzrandigen, gekerbten, gezähnten, gesägten, doppelt gesägten, gebuchteten oder gelappten Rand besitzen. Ein spitzes, zugespitztes, stumpfes, abgerundetes, gestutztes, ausgerandetes oder stachelspitziges Spreitenende und einen keilförmigen, abgerundeten, gestutzten oder herzförmigen Spreitengrund tragen. Sie ordnen sich spiralig um den

Auch Nadeln sind Blätter. Aber immergrüne, die sich nur im Rhythmus von mehreren Jahren erneuern. Reizvolle Abwechslung in das unveränderliche Dauergrün bringen da neue Triebspitzen. Freilich sind die nicht immer so ein Blickfang wie bei der Orientalischen Gold-Fichte (Picea orientalis *'Aurea',* oben). *Oberflächliche Reize. Beim aus Asien stammenden Schneeball* Viburnum furcatum (unten) *treten die Blattnerven deutlich hervor. Auch solche Eigenschaften der Belaubung, die sich erst aus der Nähe erschließen, lohnen die Einbeziehung in die Gestaltung.*

Buntlaubige Gehölze sind Auslesen und Zuchtformen von normal grünen Eltern. Die Große Blut-Berberitze (Berberis x ottawensis *'Superba') ist wie alle rotlaubigen Gehölze sehr dominant in der Wirkung und braucht in der Nachbarschaft genug grünes Gegengewicht.*
Mit weißer Panaschierung wartet diese Auslese des Pagoden-Hartriegels (Cornus controversa *'Marginata') auf. Weiß panaschierte Gehölze mit ihrem hellen Erscheinungsbild sind leichter in Gartenbilder einzubauen als solche mit goldfarbenem Laub, da sie nicht ganz so stark nach Aufmerksamkeit schreien.*
Der Perückenstrauch (Cotinus coggygria) *in der Sorte 'Royal Purple' ist interessanter Partner in Staudenbeeten. Seine fedrigen Fruchtstände, die ihn rundum einhüllen, verleihen ihm optisch eine gewisse Leichtfüßigkeit.*

Zweig an, der sie trägt, oder zweizeilig, gegenständig, wirtelig oder in Scheinwirteln. Und all das lässt sich bunt mixen und voilà: Heraus kommt ein jeweils ganz individuelles Charakteristikum für jede Art. Die Textur, die Ausprägung des Laubs lässt sich unterscheiden von sehr fein mit kleinen Blättchen (z.B. Buchs/ *Buxus sempervirens* oder Kissen-Berberitze/ *Berberis candidula)* bis hin zu grob (Rosskastanie/*Aesculus hippocastanum)*, mit vielen Stufen dazwischen. Ein spannendes Feld, das zu unendlichen Erkundungen einlädt!
Wem das zu theoretisch ist, der denke zum Beispiel einfach an die wunderschönen gelappten Blätter von Japan-Ahorn *(Acer japonicum)* oder Fächer-Ahorn *(Acer palmatum)*, die handförmig gefächerten Blätter der Rosskastanie *(Aesculus hippocastanum)*, die herzförmigen der Linden *(Tilia)* oder die länglich-lanzettlichen der Schmalblättrigen Ölweide *(Eleagnus angustifolia)*.
Noch einmal neue Spielarten ergeben sich aus unterschiedlichen Blattoberflächen. Glatt, behaart, rau, mit Wachsüberzug, glänzend, stumpf, weich und geschmeidig oder hart und steif, versenkte, sich deutlich abzeichnenden Blattnerven – alles beeinflusst Erscheinung und Wirkung von Baum und Strauch mit. Und ist wesentlich für die Haptik des Laubes, entscheidet darüber, ob wir es gerne über unsere Haut streichen lassen und ob es dazu reizt, es zu pflücken und in den Händen zu zerreiben.

Einen ungewöhnlichen Weg bei der Laubfärbung geht die Gold-Gleditschie (Gleditsia triacanthos *'Sunburst',* rechts). *Erst treibt sie goldgelb aus, um dann später in Richtung Hellgrün zu vergrünen. Ein ähnliches Wechselspiel zeigt Schwedlers Blut-Ahorn* (Acer platanoides *'Schwedleri'), der von Blutrot nach Bronzefarben wandert.*

Der Herbst ist die Zeit des Abschieds. Warm gefärbtes Laub (hier Acer ginnala, *Feuer-Ahorn) lässt die zunehmende Kälte draußen vergessen und versüßt das Ende des Sommers. Immergrüne wie Buchs* (Buxus sempervirens) *bringen den Garten über den Winter.*

Es ist leider wahr: Die schönste Herbstfärbung bringen Gehölze aus Nordamerika und Ostasien. Dem kann praktisch nichts aus unserer heimischen Flora das Wasser reichen. Schlitz-Ahorn (Acer palmatum *'Dissectum'), Katsurabaum* (Cercidiphyllum japonicum) *und Pfaffenhütchen* (Euonymus *sp.) sind angetreten zum Beweis und spannen einen Bogen von Gelb über Orange zu Rot.*

Tarngewänder

Nicht immer tragen Bäume und Sträucher gewohnt klassisches Grün. Nun, warum auch nicht, Abwechslung muss sein. Obwohl man schon zugeben muss, dass in den vielen Grüntönen, die die Natur uns anbietet, der breiten Palette an Schattierungen und Nuancen bereits genug an Variation geboten wäre. Aber manchmal soll es eben ein bisschen mehr sein. Dann dürfen die so genannten Buntlaubigen zum Zuge kommen. Bei ihnen ist der grüne Blattfarbstoff, das Chlorophyll, entweder von einem anderen Farbstoff überlagert (Rot) oder nicht ausgebildet und in seiner Funktion gestört (panaschierte, d. h. mit weißen Anteilen, und gelblaubige Blattfarben). Beides führt logischerweise dazu, dass die Fotosynthese eingeschränkt wird und damit auch die Vitalität wesentlich geringer ist als bei den Wildarten. Sie wachsen langsamer und erreichen im Normalfall auch nie deren Größe. Buntlaubige sind fast immer absolute Solitärgehölze, die den Einzelstand fordern und dann auch sehr reizvoll und bereichernd sein können.

Herbstfeuer

»Indian Summer« heißen die bunten Tage des Herbstes im Nordosten der USA, in denen die Ahorne derart in schreienden Farben stehen, dass sie Weltruhm erlangt haben. Unsere heimischen Gehölze bringen da vergleichsweise leider eher ein Krächzen hervor. Kein Grund zum Verzagen. Im Garten heizen uns Gäste aus Nordamerika und Ostasien, der zweiten Hochburg der Farbenzauberer, mit ihrer Glut kräftig ein. Was uns so hitzig entgegenleuchtet, ist Farbe, die das Blatt immer schon in sich getragen hat, aber vom Chlorophyll einfach überdeckt wurde. Wenn dem im Herbst die Versorgung abgeschnitten und es damit zerstört wird, kommen Karotinoide und Anthocyanin, das die rote Farbe trägt, aus ihrem Versteck hervor. Anthocyanin geht erst dann in Flammen auf, wenn es durch den Wechsel von kalten Nächten und sonnigen Tagen in Stimmung gebracht wird. In der Heimat des »Indian Summer« entspricht das dem normalen Klima, bei uns ist ein solcher Herbst ein seltenes Glücksmoment. Aber wir freuen uns auch an einem sanfter ausfallendem Herbstfeuer von Feuer-Ahorn *(Acer ginnala),* Rot-Ahorn *(Acer rubrum),* von Blumen-Hartriegeln *(Cornus florida, C. kousa, C. nuttallii)* oder Scharlach-Kirsche *(Prunus sargentii).*

Buntlaubige Gehölze

- sind immer extrem sparsam einzusetzen. Ihr Äußeres ist eigentlich naturfern. Daher dürfen sie nur als seltener Akzent, als pflanzliches Accessoire verwendet werden.
- passen wegen ihres naturfernen Äußeren nie in die Natur oder Übergangsbereiche zu ihr. Auch im ländlichen Bereich sind sie in der Regel fehl am Platz.
- gehören eher in Hausnähe oder zu architektonischen Elementen.

Vielen der herbstfärbenden Gehölzen genügt ihre Meisterschaft in Sachen Farbe. Zu denen gehört der Rot-Ahorn (Acer rubrum, oben). *Manche streben nach mehr und toppen das Feuer ihres Blätterkleides mit Früchten. Beides zusammen sichert ihnen uneingeschränkten Ereignischarakter. In dieser Weise tun sich zum Beispiel Pfaffenhütchen* (Mitte, *hier* Euonymus hamiltonianus) *und Chinesischer Blumen-Hartriegel* (Cornus kousa *var.* chinensis, unten) *hervor.*

Herbstzeit ist Erntezeit – Fruchttragende Gehölze

Wenn die Nächte kälter werden und die Tage kürzer, Nebelschwaden sich langsam wieder ihr Terrain zurückerobern und wie ein Weichzeichner die Konturen aufzulösen scheinen, hat sich klammheimlich wieder der Herbst eingeschlichen. Die Jahreszeit der warmen Farben, die fast wirken, als wollte die Natur uns damit über das Ende des Sommers hinwegtrösten. Doch der Herbst ist nicht nur das Abschiedsgeläut der heiteren, warmen Tage, sondern auch der Auftakt zu einer fulminanten Erntezeit.

Früchte aus dem Garten Eden

Früchte sind die reiche Belohnung, die uns der Garten im Herbst gewährt. Heimische Gehölze wie die Eberesche (Sorbus aucuparia, S. 106) *oder die Wild-Rosen mit ihren Hagebutten, die mal flaschenförmig, dann wieder kugelrund, abgeplattet oder eiförmig sind, sich in Rot, Orange, Braunrot oder Purpurschwarz gewanden, schmücken nicht nur die Natur, sondern auch den Garten.*
Aber auch Bäume und Sträucher aus fremden Ländern, die als Ziergehölze den Weg in unsere Gärten gefunden haben, tragen in vielen Fällen beerenstarken Schmuck.
Felsenmispeln (Cotoneaster, oben)*, Kupfer-Felsenbirne* (Amelanchier lamarckii, Mitte) *und Japanischer Blumen-Hartriegel* (Cornus kousa, unten) *zeigen auf dieser Seite einen winzigen Ausschnitt der herbstlichen Schätze.*

Pflanzen sind genauso wie alle anderen Arten von Lebewesen gezwungen, Strategien für ihren Fortbestand zu entwickeln. Sich über Samen zu vermehren ist die gängigste Taktik. Früchte sind die reizvollste Form, sie zu verpacken und zu prächtigen Schönheiten zu adeln. Aus den heiteren Blüten des Frühlings entwickeln sich, bestäubt und befruchtet, eben die gehaltvollen Früchte. Nach dem Sommer, der Zeit des Reifens, in der sie sich unauffällige Tarnkappen überziehen, um unbehelligt von jeder Begehrlichkeit ihre Vollendung erlangen können, legen sie schließlich ihr Make-up auf und ziehen den Vorhang zur herbstlichen Bühne beiseite. Das warme Licht der Herbstsonne leuchtet ihr Outfit perfekt aus.

Schöner Schein

Rot, orange, gelb, braun, schwarz, weiß, bläulich oder rosa gefärbt schmücken die Früchte von Bäumen und Sträuchern den herbstlichen Garten. Manche glänzen wie polierter Lack, andere sind matt und wirken, als wären sie mit Puderzucker bestäubt oder von Reif überzogen. Filigraner Perlenschmuck nimmt es gegen die Konkurrenz von protzigen Klunkern auf und hält sich wacker im Ringen um Anerkennung. Die einen sind nahezu unverwüstlich und trotzen dem Winterwetter, als ob es Frost, Regen und stürmische Winde einfach nicht gäbe. Andere sind zarte Mimosen, die sich leider recht schnell in die Knie zwingen lassen.

Immer bildschön, manchmal auch Gaumenfreude

Schöne Früchte verleiten schnell zu dem Gedanken, dass sich unter der attraktiven Schale wohl sicher auch köstlicher Geschmack verstecken müsse. Ein Irrtum, der tragisch sein kann. Denn wirklich essbar sind, ausgenommen natürlich alles Obst und Nüsse, nur die wenigsten Vertreter der Beeren, Hülsen oder Zapfen, die an Bäumen und Sträuchern hängen. Ihr Nutzen ist das pure Dekor. Und vieles, was für uns ungenießbar ist oder gar giftig, bedeutet für Vögel eine wertvolle Nahrung. Gerade heimische Wildgehölze wie Gewöhnliche Heckenkirsche *(Lonicera xylosteum)*, Gemeiner Liguster *(Ligustrum vulgare),* Wolliger und Wasser-Schneeball *(Viburnum lantana, V. opulus)* oder Gemeines Pfaffenhütchen *(Euonymus europaeus)* sind wichtige Vogelnährgehölze.

Heimische Wildgehölze

mit besonders schönem Fruchtschmuck:

- Vogelbeeren und Mehlbeeren *(Sorbus sp.)*
- Gemeines Pfaffenhütchen *(Euonymus europaeus)*
- Mispel *(Mespilus germanica)*
- Wild-Rosen *(Rosa sp.)*
- Weißdorn *(Crataegus monogyna)*
- Felsenbirne *(Amelanchier ovalis)*
- Schlehe *(Prunus spinosa)*
- Holunder *(Sambucus nigra, S. racemosa)*
- Gemeine Heckenkirsche *(Lonicera xylosteum)*
- Kornelkirsche *(Cornus mas)*

Wenn die Früchte, die den Spaziergang durch den Garten zur Erlebnistour werden lassen, auch noch essbar sind und uns mit ihrem köstlichem Geschmack verwöhnen, sind wir mitten im Garten Eden. Wir brauchen nur die Hand auszustrecken, um von der Verlockung zu naschen. Äpfel (Mitte: *'Wiltshire'-Apfel), Birnen oder Zwetschgen aus dem eigenen Garten geben nicht nur Gewissheit über Herkunft und Behandlung der Früchte, sondern besitzen immer auch einen Wert, der mit Geld nicht aufzuwiegen ist.*
Ganz unten *sind übrigens ein paar historische Apfelpflücker aus der Sammlung eines Obstliebhabers zu sehen.*

Dauerhafte Eleganz – Immergrüne

Abwechslung ist eine schöne Sache. Die Abfolge der Jahreszeiten, die sich im Garten in Laubaustrieb, Blüten, Früchten, Herbstfärbung und Blattfall widerspiegelt, bringt Spannung und bereichernde Lebendigkeit in den Garten. Doch auch die Beständigkeit hat ihren Wert. Unter den Bäumen und Sträuchern sind es die immergrünen Vertreter, die mit konstanter Ruhe das Gartenjahr begleiten. Entspannt zurückgelehnt betrachten die »grünen Eminenzen« die Wechselspiele der Natur rundum.

Winterkönige

Immergrüne sind im Garten zu allen Jahreszeiten gleichbleibend präsent. Sie selbst bleiben stets der ruhende Pol. Ihr Zeitvertreib sind ihre Gefährten in der Nachbarschaft, die den Wechsel der Moden alle paar Monate, viermal im Jahr immer und immer wieder mitmachen.
Wie die Bilder auf diesen Seiten belegen, die alle ein und denselben Garten zu verschiedenen Jahreszeiten porträtieren.

Es gibt Pflanzen, die scheinbar völlig unbeeindruckt sind von den Jahreszeiten. Sie bleiben standhaft bei ihrem grünem Gewand, egal ob Frühjahr, Sommer, Herbst oder Winter. Die einzige schleichende Veränderung, die ihnen widerfährt, ist die zunehmende Körperfülle, die sich mit den Jahren einstellt.

Wechselwirkungen

Die Rede ist von den immergrünen Gehölzen. Sie sind eine heimliche Macht im Garten. Denn so dezent und unauffällig sie sich im Sommer unter ihre grünen Genossen mischen, so wirkungsvoll und präsent geben sie sich im winterlichen Garten. Dann wenn alles scheinbar starr daliegt, sind sie bedeutende Struktur- und, man sollte es bei ihrer Zurückhaltung in den anderen Jahreszeiten nicht glauben, die Farbträger im Garten.
Aber gerade in der kalten Jahreszeit wird auch besonders deutlich, mit welchem Bedacht sie einzusetzen sind. Immergrüne brauchen unbedingt ihre laubabwerfenden Kollegen. Denn pur und ohne deren Kontrast wirken sie nicht belebend, sondern ganz im Gegenteil bedrückend, düster und tot. Ihr Leben wird ihnen auch von ihrem Umfeld eingehaucht. Stille ohne irgendein Geräusch ist nicht beruhigend, sondern unheimlich und beklemmend. Ein Garten nur aus Immergrünen oder mit zu vielen Immergrünen ist starrer und kälter als jeder Frost ihn machen könnte. Immergrüne brauchen wie jedes andere besondere pflanz-

liche Merkmal einen Hintergrund, eine Bühne, auf der sie wirken und wo sie sich deutlich konturieren können. Das ist im Winter das durchsichtige Zweiggerüst der sommergrünen Bäume und Sträucher. Dieser sanfte Kontrast, der gar nicht laut schreien, sondern der stillen Jahreszeit entsprechend nur angenehm leise flüstern will, ist »Lebensgrundlage« des Dauergrüns. In den anderen Jahreszeiten sieht es etwas anders aus. Dann ist das ewig konstante Grün der Fels in der Brandung, um den herum das Kunterbunt gerne kräftige Wellen schlagen darf. Wunderschöne Bilder entstehen, wenn im zeitigen Frühling die ersten Blütengehölze noch nackt von Laub ihren leuchtenden Flor vor dem dunklen Hintergrund eines Immergrünen zum Strahlen bringen können. Im Sommer sind Immergrüne der ruhende Pol, an dem der Blick Halt findet, wenn er sich ins Farbgetümmel der Stauden stürzt. Der Herbst zeigt mehr als alle anderen Jahreszeiten die Vergänglichkeit. Durch nichts ließe sich dieses Bild mehr steigern als durch das Nebeneinander vom Abschiednehmen der Herbstfärbung, des fallenden Laubs und der zur Vollendung gereiften und damit schon dem Verfall preisgegebenen Früchte und dem stoischen Dauergrün.

Ein Phänomen mit vielen Gesichtern

Die immergrünen Bäume und Sträucher sind eine recht vielgestaltige Truppe.
An Koniferen oder Nadelgehölze denken bei

Eine Szene zu zwei verschiedenen Jahreszeiten. Links unten *die imposanten, die Balustrade begleitenden Buchskugeln in saftigem Grün, rechts oben mit Sahnehäubchen aus Schnee belegt. Nicht nur das Kleid der Jahreszeit lässt das Bild anders erscheinen, sondern auch dessen Licht, das einmal mit strahlendem Sonnenschein hell ausleuchtet, das andere Mal alles mit dunstig-nebligem Blaugrau überzieht.* Unten *noch einmal die gleiche Blickrichtung unter Einbeziehung des herrlichen Flusspanoramas im Hintergrund.*

Buchs (Buxus sempervirens) *gehört zu den absoluten Klassikern und Favoriten unter den immergrünen Laubgehölzen. Er ist zwar auch frei wachsend eine echte Naturschönheit, aber in Form getrimmt wird er zur wahren Schau. Gegen derart strenge Konturen heben sich luftige Strukturen wie die der romantischen Kletterrose (hier 'Oktavia Hess' und die Hibiskus-Hochstämme (Sorte 'Père Noel') besonders deutlich ab.*

Immergrüne sind wesentlich vielgestaltiger als so mancher sicher meint. Hier zeigen die Japanische Lavendelheide (Pieris japonica *'White Cascade',* oben), *eine Kiefer* (Mitte) *und ein Bambus* (Sinarundinaria nitida, unten) *einen Ausschnitt aus der breiten Palette, die für die Verwendung im Garten zur Verfügung steht. Das Spektrum der Blattformen und -farben wie auch der Pflanzenstrukturen ist sehr breit und bietet weit mehr als der altbekannte und -bewährte Buchs oder Koniferen in Pyramidenform!*

dem Begriff sicher spontan viele. Kein Wunder, treten sie mit tief dunklem, dichtem Nadelkleid doch als wahre Schwergewichte auf. Wegen dieser Gewichtigkeit ist ihr Einsatz aber am schwierigsten. Ihrer Form fehlt im Regelfall jegliche Annäherung zu den im Garten angestammten Laubgehölzen. Sie sind so dicht, dass sie das begehrte Licht der Wintersonne kaum hindurchlassen. Daher gilt: Sparsamkeit ist eine hohe Tugend. Mehr als ein Fünftel oder Sechstel des gesamten Gehölzanteils im Garten sollten die nadeligen Genossen nicht ausmachen. Allerhöchste Zurückhaltung ist bei buntlaubigen Koniferen mit blauer oder gelber Nadeltracht geboten. Sie sind mit ihrem Aussehen der Natur so entfremdet, dass sie sich selbst als einsamer Solitär nur mit echtem Können gut integrieren lassen.

Die Laubgehölze mischen sich da schon viel unauffälliger unter ihre wechselgrünen Genossen. Die Auswahl ist überraschend groß, genauso wie das Spektrum der Laubfarben und -formen. An eines sollte man aber denken: Immergrüne Laubgehölze besitzen fast durch die Bank nicht die höchste Frosthärte. Ein Plätzchen im Halbschatten, geschützt vor eisigen Winden, nehmen sie gerne an. Schwere Böden verstärken ihre Empfindlichkeit noch, ebenso wie ein trockener Herbst, der sie geschwächt in den Winter schickt.

Trockenschäden im Winter, gerade in sonnigen Lagen, lassen sich durch Wassergaben an frostfreien Tagen umschiffen.

Eine überwältigende Frühlingsszene! Immergrüne wie hier der Kalifornische Mammutbaum (Sequoiadendron giganteum) *ergeben wunderbare Kontraste zu im Frühling blühenden Gehölzen. Die luftigen, hell erstrahlenden Blütenwolken der Kirsche könnten kaum einen besseren und förderlicheren Partner finden als das dunkle Grün und die klar umrissene Kegelform der im westlichen Nordamerika beheimateten Konifere.*

Serviceteil

Pflanzung und Pflege

Zu einer Pflanzung die gelingt, sich schön entwickelt und so auf Dauer überzeugt, gehört nicht nur die richtige Planung. Obwohl die natürlich immer der erste Schritt ist oder der erste Schritt sein sollte. Nicht minder wichtig sind eine fachgerechte Pflanzung und – schließlich schauen wir in der Natur immer in die Zukunft – die richtige Pflege.

Pflanzung

Pflanzzeitpunkt: Bäume und Sträucher pflanzt man im Frühjahr oder im Herbst, wobei die Herbstpflanzung bis auf die Ausnahme weniger Arten vorzuziehen ist. Zu diesen Ausnahmen gehören zum Beispiel die heimischen Sand-Birken *(Betula pendula),* aber auch alle Magnolien. Bei so genannter wurzelnackter Ware, also Gehölzen, die ohne Ballen gehandelt werden, ist die Pflanzung unbedingt während der Vegetationsruhe, nach dem Blattfall bzw. vor dem Austrieb durchzuführen. In belaubtem Zustand wäre der Stress der Pflanzung viel zu groß für sie.

Ballenware mit einem echten, festen Ballen (leider trifft man heute allzu oft Kunstballen an, in denen eigentlich wurzelnackte Pflanzen mit etwas torfigem Material mit Ach und Krach von einem Ballentuch zu einer wabberigen Masse zusammengehalten wird) ist da schon flexibler. Solche Gehölze können aus der Feuchtigkeit und den Nährstoffen, die in dem intensiv durchwurzelten Ballen mitgeliefert werden, der durch mehrmaliges Verpflanzen des Gehölzes ganz dicht geworden ist, gut zehren. Der Stress beim Pflanzen nimmt also rapide ab. Sowohl wurzelnackte als auch Ballenpflanzen können in den üblichen Pflanzmonaten bei frostfreier Witterung gepflanzt werden.

Bäume und Sträucher, die in großen Töpfen gezogen werden, nennt man Containerware. Mit ihnen macht man sich völlig unabhängig von der üblichen Pflanzsaison. Sie können jederzeit, auch mitten im Sommer, an ihren neuen Stammplatz gesetzt werden. Natürlich wenn dafür gesorgt wird, dass auch ausreichend gewässert wird. Aber auch hier gibt es wie bei der Ballenware Mogelpackungen. Daher gut die Augen aufmachen, ob nicht einfach ein »bodenständiges« Gehölz mal schnell eben ausgegraben und so zu Unrecht zur teuren Containerpflanze geadelt wurde.

Pflanzvorgang: Erster Schritt beim Pflanzen ist immer die Vorbereitung des Bodens. Locker muss er in jedem Fall sein, aber bitte nicht nur oberflächlich. Denn nichts kann die Entwicklung eines Gehölzes auf längere Sicht mehr hemmen, als wenn es mit seinen Wurzeln schon nach kürzester Zeit sprichwörtlich gegen die Wand läuft. Gerade bei Neubauten und Umbauten am Haus heißt es daher sorgfältig mit dem wertvollen Gut Boden umgehen! Stark verdichtete Böden lassen Bäume und Sträucher regelrecht ersticken. Für ihre Wurzeln sind betonharte Bodenschichten ein undurchdringbares Hindernis, an dem sie leider scheitern müssen. Wenn es schon zu spät ist, das heißt die Verdichtung schon besteht, hilft nur noch tiefgründiges Aufreißen mit entsprechendem Gerät einer Fachfirma und/oder der Einsatz von tief wurzelnden Gründüngungspflanzen wie Lupine oder Ölrettich, die es schaffen können, mit ihrem Wurzelwerk wieder den Boden bis in tiefere Schichten für Luft, Wasser und auch andere Pflanzenwurzeln zu erschließen. Letzere Maßnahme braucht allerdings dann eine Saison Vorlauf.

Um den Pflanzen gute Startbedingungen zu schaffen, ist das oberflächliche Einarbeiten von Kompost ratsam. So werden langsam ausfließende Nährstoffe angeboten und zugleich die physikalischen Eigenschaften des Bodens (Struktur, Belüftung, Wasserführung) verbessert.

Bei wurzelnackten Gehölzen sind die Wurzeln bis zum Pflanzzeitpunkt unbedingt feucht zu halten, deren Austrocknung ist tödlich für die Pflanze. Sie werden ebenso wie die oberirdischen Teile der Pflanze unmittelbar vor der Pflanzung eingekürzt, um einerseits neues Wurzelwachstum anzuregen, andererseits der Pflanze den Stress zu nehmen, allzu viel »grüne Masse« versorgen zu müssen. Es besteht dann schlicht und einfach weniger Verdunstungsfläche. Dass in diesem Zuge auch alle verletzten oder gequetschten Pflanzenteile entfernt werden, versteht sich von selbst. Aber bitte niemals den umgekehrten Weg gehen und die Wurzelmasse dem vorhandenen, zu kleinen Pflanzloch anpassen. Denn damit begibt man sich ganz sicher auf den Holzweg.
Je nachdem, ob man einen Strauch oder Baum pflanzt, wird die gesamte Pflanze ausgelichtet oder eingekürzt (Sträucher, radikales Einkürzen nur bei wurzelnackter Ware), oder aber beim Auslichten der Leittrieb unberührt belassen (Baum). Ballenware und Containerware müssen grundsätzlich nur ausgelichtet werden. Beim Auslichten wird ein Viertel bis ein Drittel der Äste und Zweige herausgenommen. Dabei dürfen keine Stummel, die »Kleiderhaken«, stehen gelassen werden. Es wird immer bis an den nächsten Hauptast geschnitten. Ältere Gehölze, die sich schließlich auch schwerer damit tun, sich an ihrem neuen Platz zu verwurzeln und heimisch zu fühlen, sind immer stärker auszulichten als jüngere.
Die so vorbereiteten Pflanzen sind wiederum bis zur endgültigen Pflanzung dringend vor Verdunstung zu schützen. Ein Lagerplatz im Schatten oder ein feuchter Leinensack sind hier hilfreich.

Nun fehlt noch das Pflanzloch. Wer hier an der Größe geizt, bekommt später mit kümmerwüchsigen Pflanzen selbst die Quittung. Wurzeln dürfen niemals an die Wände des Pflanzlochs stoßen. Dessen Wände müssen aufgeraut und locker sein. Sonst gibt es den »Blumentopfeffekt«, das heißt die Entwicklung der Pflanze ist begrenzt bis zu dem Zeitpunkt, bis ihre Wurzeln an die harten Wände des »Topfes« gelangen. Bei Ballenpflanzen und Containerware ist das Pflanzloch immer mindestens in der eineinhalbfachen Größe des Ballens vorzubereiten. Bäume brauchen sogar noch mehr. Ihr Pflanzloch sollte auch mindestens bis in 80 cm Tiefe gelockert sein. Humoser Boden darf aber nur bis in 40 cm Tiefe eingefüllt werden, darunter würde er mangels Belüftung verfaulen. In die unteren Schichten ist wieder der mineralische Rohboden aus dem Aushub oder nur schwach humoser Boden einzufüllen. Das Pflanzen selbst läuft immer nach dem gleichen Schema ab: Pflanze in Pflanzloch einstellen, Erde anfüllen, antreten, Wurzeln gut mit Wasser einschlämmen, sodass keine größeren Hohlräume verbleiben. Gepflanzt wird immer so tief, wie das Gehölz in der Baumschule gestanden hat, also bis zum Wurzelhals. Damit Baum und Strauch das Regenwasser sammeln können, werden beim Pflanzen niemals Hügel, sondern wassersammelnde »Schüsseln« hergestellt, die ein natürlicher Regensammler, aber auch wertvolle Gießhilfe sind.
Bei Ballenware darf in keinem Fall vergessen werden, das Ballentuch oder -gitter aufzuschneiden und möglichst vollständig vorsichtig, ohne den Ballen zu zerstören, zu entfernen. Größere Sträucher, Solitäre und Bäume werden in den ersten zwei bis drei Jahren, bis ihre Wurzeln selbst genug Halt im Boden haben, mit Pfählen gesichert. Solitäre und große Sträucher mit einem Schrägpfahl, Bäume mit Senkrechtpfählen beziehungsweise wenn sie noch kleiner sind eventuell auch mit einem Schrägpfahl. So werden die Wurzelbewegungen reduziert und Stammbiegungen, die zum Bruch des Gehölzes führen können, eingeschränkt. Als Bindematerial haben sich Sisal, Kokos und Hanf in der Praxis bewährt. Nach zwei bis

drei Jahren haben die stützenden Pfähle ausgedient und werden entfernt. Die Bindestellen sind laufend zu kontrollieren, damit keine Einschnürungen an Stamm beziehungsweise Ästen entstehen.

Eine Mulchschicht schützt vor Verdunstung, lässt Wasser leichter in den Boden fließen, schützt die Bodenstruktur und verhindert Verschlämmung, schützt damit die Bewurzelung. Als Materialien bieten sich Rindenmulch, nährstoffarmer Kompost oder Strauchhäcksel an. Da alle genannten Stoffe Stickstoff binden, der dann der Pflanze nicht zur Verfügung steht, ist parallel zur Mulchung eine Düngegabe vorzusehen. Sonst kehren sich die wachstumsfördernden Vorteile vielleicht ins Gegenteil um.

Pflege

Dauerhafte Schönheit gibt es nur durch entsprechende Pflege – da unterscheiden sich die Pflanzen eigentlich kaum von den Menschen. Nur bei den Pflanzen sieht die natürlich etwas anders aus.

Düngung: Wer meint, Bäume und Sträucher brauchen gar keinen Dünger, der irrt. Sie wollen genauso versorgt werden wie blühende Stauden und Sommerblumen, wenn freilich auch in geringerem Umfang. Aber über eine Düngergabe jedes Jahr oder alle zwei Jahre freuen sie sich durchaus. Im Frühling oder Frühsommer zum Saisonstart ist der Zeitpunkt richtig gewählt. Herbstdüngungen sind problematisch, macht der Stickstoffüberfluss doch die Triebe weich und schickt sie so geschwächt in den Winter. Kompost oder andere organische Dünger wie Mist oder Hornspäne sind eine gute Wahl, aber natürlich erfüllen auch mineralische oder organisch-mineralische Dünger ihren Zweck. Manche Arten, zu denen gehört zum Beispiel der Ranunkelstrauch *(Kerria japonica)*, wollen allerdings vom Nährstoffsegen ausgenommen werden. Sie lieben das karge Leben, und nur dann belohnen sie uns auch mit ihrer Blütenpracht.

Schnitt: Eines vorweg: Nicht dass zu wenig geschnitten wird ist das Problem in unseren Gärten, sondern dass viel zu viel und zu häufig geschnitten wird. So mancher Garten bietet nach einem Pflegegang über Bäume und Sträucher eher den Eindruck eines Lazaretts aus Verstümmelten und Amputierten, denn den eines Gartens Eden. Zurückhaltung ist hier eigentlich eher eine Tugend. Bäume brauchen, von Obstbäumen abgesehen, praktisch gar keine oder kaum Schnittmaßnahmen. Außer sie sprengen mit ihrer Größe leider den gegebenen Rahmen. Dann kann behutsames Einkürzen unter Berücksichtigung der natürlichen Wuchsform nötig werden. Oder wenn in der Krone dürre Äste sind, die gefährlich werden können.

Sträucher dagegen sind, wieder natürlich mit einigen Ausnahmen (z.B. Hamamelis, Zaubernüsse), für einen Verjüngungs- und Auslichtungsschnitt alle paar Jahre sehr dankbar. Hier werden die jeweils ältesten Triebe bis zum Boden herausgeschnitten. So kommen wieder Licht und Luft in das Gehölz, und die Bildung junger, vitaler neuer Triebe wird angeregt. Ein radikaler Rückschnitt auf eine Höhe beweist keine Fachkunde, sieht »frisch« schon schrecklich aus und führt nur dazu, dass sich aus den Schnittstellen besenartig viele neue Triebe bilden. Ein arttypischer Habitus ist dann natürlich unwiederbringliche Vergangenheit. Aber auch hier wieder keine Regel ohne Ausnahme. Schmetterlingssträucher belohnen den beschriebenen Radikalschnitt im Frühling mit besonders reichem Flor in Sommer und Herbst.

Pflanzlisten

Vier-Jahreszeiten-Gehölze – Schönheit in jedem Gewand

Die meisten der Bäume und Sträucher, die wir im Garten verwenden, besitzen ein Merkmal, das sie besonders auszeichnet und das sie durch seine Schönheit zum Ziergehölz werden lässt. Manche können schon zwei solcher besonderen Eigenschaften ihr Eigen nennen.

Und dann gibt es noch die Überflieger, die Gehölze mit Starqualitäten, die in allen oder fast allen vier Jahreszeiten brillieren. Zumindest für eines von ihnen sollte man schon ein Plätzchen im Garten reservieren.

Name	Höhe	Frühling	Sommer	Herbst	Winter/Vorfrühling
Acer capillipes Rotstieliger Schlangenhaut-Ahorn	6–9 m	Blüten, gelbe hängende Trauben	Blätter rot gestielt und mit deutlich roten Blattnerven	leuchtend karminrote Herbstfärbung	auffällige Rinde mit weißen Längsstreifen, Knospen leuchtend rot
Acer ginnala Feuer-Ahorn	5–7 m	Blüten, gelblich-weiße Rispen, duftend	rote Fruchtflügel	leuchtend feurigrote bis dunkelrote Herbstfärbung	Getrocknete Fruchtflügel bleiben über den Winter haften
Acer japonicum 'Aconitifolium' Eisenhutblättriger Ahorn	3–5 m	Blüten, purpurfarbene kleine Trauben, während des Austriebs	Blattform	leuchtend orangerote bis weinrote Herbstfärbung	malerischer Wuchs, schirmförmige Krone
Acer palmatum in Sorten Fächer-Ahorn	Wildart 5–7 m Sorten 1,5–3(4) m	farbiger Austrieb	Blattform	orangefarbene bis rote Herbstfärbung	malerischer Wuchs
Acer rubrum Rot-Ahorn	10–15 m	dunkelrote Blüten vor dem Laubaustrieb, rötlicher Austrieb	rote Fruchtflügel	orangerote Herbstfärbung	junge Zweige rötlich, ältere Borke z.T. auffällig grau
Acer rufinerve Rostbart-Ahorn	6–8 m	bronzefarbener Austrieb	Rinde auffällig längsgestreift	gelborange bis karminrote Herbstfärbung	Rindenschmuck (Längsstreifen), rote Knospen
Amelanchier laevis Kahle Felsenbirne	3–5 m	Blüten, weiße Trauben, bronzeroter Austrieb	purpur-bläuliche Früchte/Beeren, essbar	gelbe bis orange-scharlachrote Herbstfärbung	malerischer Wuchs, ausgebreitet mit waagrechten Ästen und überhängenden Zweigspitzen
Amelanchier lamarckii Kupfer-Felsenbirne	4–6 m	Blüten, weiße Trauben, kupferroter Austrieb	blauschwarze Früchte/Beeren, essbar	leuchtend gelb-orange bis rote Herbstfärbung	malerischer Wuchs, schirmförmige Krone
Betula in Arten und Sorten Birken	nach Art und Sorte, Klein- bis Großbäume	hellgrüner, duftender Austrieb; Blütenkätzchen	Rinde	gelbe Herbstfärbung	weißer Rindenschmuck, z.T. malerischer Wuchs
Cercidiphyllum japonicum Katsurabaum, Judasblatt	8–10 m	rötliche Blüten, bronzeroter Austrieb	Blattform	orangerote Herbstfärbung	malerische Krone: Falllaub duftet schon von Weitem nach Zimt und Karamel bzw. Lebkuchen (daher auch die Bezeichnung Kuchenbaum)

Name	Höhe	Frühling	Sommer	Herbst	Winter/Vorfrühling
Cornus alba in Sorten Weißer Hartriegel	3–4 m	farbiger Austrieb	Belaubung überwiegend buntlaubig	orange bis rote Herbstfärbung	Rinden farbig, rot, schwarz
Cornus kousa Japanischer Blumen-Hartriegel	5–7 m	Blüten, grüngelbe Köpfchen, umgeben von 4 großen weißen Hochblättern	rote Früchte, himbeerartig	leuchtend gelbe bis scharlachrote Herbstfärbung	eleganter Wuchs, ausgeprägt horizontales Zweiggerüst
Cornus mas Kornelkirsche	4–7 m	Blüten, gelbe kleine Dolden vor dem Laubaustrieb ab Februar bis April	rote Früchte, essbar bzw. verwertbar (Wildobst)	gelblich, z.T. orangerote Herbstfärbung	Beginn der Blütezeit im Februar
Cotinus coggygria 'Royal Purple' Perückenstrauch	2–3 m	schwarzroter Austrieb	Blüten, gelblich-rote, 15–20 cm lange Rispen, perückenartige wolkigfedrige, silbrig-rötliche Fruchtstände	orangerote bis scharlachrote Herbstfärbung	–
Crataegus x *lavallei* Apfeldorn	5–7 m	Blüten, weiße Schirmrispen	glänzend dunkelgrüne Belaubung	orange-gelbe Herbstfärbung	orangerote Früchte, die sehr lange haften bleiben
Crataegus x *prunifolia* Pflaumenblättriger Weißdorn	6–7 m	Blüten, weiße Schirmrispen	glänzend dunkelgrüne Belaubung	flammend gelborange bis rote Herbstfärbung, scharlachrote Früchte	dornenbewehrte Zweige, Früchte lange haftend
Hamamelis in Arten und Sorten Zaubernuss	3–4 m	Blüte z.T. noch anhaltend	malerischer Wuchs	prachtvolle gelbe bis orange Herbstfärbung	Blüten, gelbe, orange und rote zarte Blütenbüschel, duftend, malerischer Wuchs
Malus-Hybriden, z.B. Sorten 'Prof. Sprenger', 'Wintergold' Zier-Apfel	2,5–4 m	Blüten, weiß oder rosa	–	Früchte, kleine Äpfelchen in Gelb, Orangerot oder Rot; z.T. gelbe bis orangerote Herbstfärbung	Früchte lange haftend
Prunus avium 'Plena' Gefüllte Vogel-Kirsche	7–12 m	Blüte, weiße Blütenbüschel	–	gelborange bis scharlachrote Herbstfärbung	glänzende rotbraune Ringelborke
Prunus sargentii Scharlach-Kirsche	6–12 m	Blüten, auffallend rosafarbene Trugdolden, vor dem Laubaustrieb	–	orange bis scharlachrote Herbstfärbung	mahagonifarbene, glänzende Ringelborke
Prunus x *serrulata* in Sorten Japanische Blüten-Kirschen	nach Sorte 2–7 m	Blüten, weiß oder rosa, einfach halb gefüllt oder gefüllt; z.T. bronze- oder kupferfarbener Austrieb parallel zur Blüte	Sorte 'Kanzan' mit braunroter Belaubung	gelborange Herbstfärbung	braunrote Rinde, z.T. auffällige Wuchsform (Trichter, überhängend)
Rosa sp. Wild-Rosen	nach Art 1–3 m	Blüten, rosa, karmin oder weiß, z.T. duftend, ***Rosa glauca:*** Austrieb bläulich ***Rosa rubiginosa:*** Austrieb duftend	Blüten, rosa und weiß, ***Rosa glauca:*** Belaubung purpur-bläulich, bereift, ***Rosa rubiginosa:*** Blätter duftend	rote, orangerote, rotbraune und schwarze Hagebutten in verschiedenen Formen, gelbe bis orangefarbene Herbstfärbung	Hagebutten

Eine Haut zum Verlieben – schöne Rinden als winterliche Unterhaltungskünstler

Bei manchen Gehölzen tritt die größte Schönheit erst dann zutage, wenn sie im Winter nackt und kahl dastehen und so ihre attraktive Haut zu Markte tragen können. Bei einigen davon werden Stamm, Äste und Zweige mit dem Alter immer markanter, bei anderen sind aber immer nur die jüngeren Zweige interessant gefärbt. Um bei Letzteren den spektakulären Farbeffekt dauerhaft zu erhalten, ist ein kontinuierliches Verjüngen erforderlich, um den Neuaustrieb von Zweigen anzuregen.

Name	Größe	Rindenfarbe	Oberfläche/Muster	Anmerkung
Acer capillipes Rotstieliger Schlangenhaut-Ahorn	7–9 m	olivgrün glänzend	weiße Längsstreifen	Blattchlorosen bei zu hohem Kalkgehalt im Boden
Acer griseum Zimt-Ahorn	6–9 m	zimtbraun	Rinde schält sich schuppig-plattig, in aufrollenden Streifen	bevorzugt saure Böden, geschützter Standort; Junge Triebe sind weich behaart.
Acer palmatum 'Masukagami', 'Sangokaku' und 'Senkaki' Fächer-Ahorn	3–5 m	junge Triebe leuchtend korallenrot	Stamm und ältere Äste unauffällig	in der Jugend frostgefährdet
Acer pensylvanicum Streifen-Ahorn	6–9 m	in der Jugend hellgrün, später rotbraun	glatt, blendend weiße Längsstreifen	für schattige, feuchte Standorte, interessante Zweigstruktur
Acer rubrum in Sorten Rot-Ahorn	10–15 m	auffällig grau, junge Zweige braunrot	lange glatt bleibend	bevorzugt feuchte, saure Böden; Kalkböden werden total gemieden.
Acer rufinerve Rostbart-Ahorn	6–8 m	junge Zweige olivgrün und bereift	auffällige weiße und graugrüne Längsstreifen	verlangt sauren Boden, etwas hitzeempfindlich
Betula albosinensis Kupfer-Birke	8–10 m	glänzend kupferfarben bis braunorange, junge Äste oft bläulich angehaucht	sehr auffällig in großen Fahnen abrollend	alle Standorte in geschützter Lage, gelegentlich spätfrostgefährdet
Betula ermanii Gold-Birke	15–20 m	rosaweiß bis cremeweiß	in breiten, sehr dünnen Querstreifen ablösend, glatt bis ins hohe Alter	alle Standorte in sonniger Lage
Betula maximowicziana Bronze-Birke	15–20 m	weißlich-orange bis kirschbraun, junge Triebe in dunklem Braunrot, glänzend	dünn abrollend	alle Böden in sonniger bis absonniger Lage, auffallend große, lindenartige Blätter
Betula nigra Schwarz-Birke	15–20 m	in der Jugend hellbraun, später schwarzgrau	in der Jugend in Fetzen abrollend, später tiefrissige Borke	Vorliebe für feuchte Standorte, kommt aber auch mit mäßig trockenen Böden noch gut zurecht
Betula papyrifera Papier-Birke	15–20 m	leuchtend weiß bis in die Wipfel, junge Triebe rotbraun und behaart	glatt, in breiten dünnen Streifen ablösend	verlangt unbedingt vollsonnigen Standort

Name	Größe	Rindenfarbe	Oberfläche/Muster	Anmerkung
Betula platyphylla var. ***japonica*** Japanische Weiß-Birke	15–20 m	in der Jugend dunkles purpurbraun, später schneeweiß, alte Stämme grauweiß	glatt	wegen des ungewöhnlich frühen Austriebs gelegentlich Spätfrostschäden an der Belaubung, anspruchslos in Bezug auf den Boden
Betula pubescens Moor-Birke	10–20 m	in der Jugend bräunlich, später grauweiß bis schwärzlich	rissig, abrollend	anspruchslos
Betula utilis Weißrindige Himalaja-Birke	8–10 m	frische Triebe olivbraun, nach ca. 4 Jahren braungelb und nach etwa 6 Jahren leuchtend weiß	dünn abrollend	locker aufgebaute Krone, anspruchslos
Cornus alba Weißer Hartriegel	3–4 m	junge Triebe blutrot, ältere rotbraun bis oliv	glatt	gute Beimischung für gemischte Hecken
Cornus alba 'Argenteomarginata' und 'Spaethii' Weißer Hartriegel	2–3 m	dunkelrot	glatt	buntlaubige Sorten goldgelb bzw. weiß gerandete Blätter
Cornus alba 'Kesselringii' Weißer Hartriegel	3–4 m	schwarzrot, im Austrieb dunkelbraun	glatt	Eigenschaften und Verwendung wie bei der Art
Cornus alba 'Sibirica' Sibirischer Hartriegel	3–5 m	leuchtend scharlachrot	glatt	Regelmäßiger Rückschnitt erhält die spektakuläre Farbe; auffälligste Rindenfarbe von allen ***Cornus-alba***-Sorten
Cornus stolonifera 'Flaviramea' Gelbholz-Hartriegel	1,5–3 m	leuchtendes, helles Gelbgrün	glatt	effektvoller Winterpartner zu ***Cornus alba*** 'Sibirica'
Kerria japonica Ranunkelstrauch	1,5–2 m	frischgrün	glatt, sehr dünne Ruten	gute Schattenverträglichkeit, auf zu gut gedüngten Böden blühfaul und starke Ausläuferbildung
Prunus serrula Mahagoni-Kirsche	6–9 m	mahagonibraun, glänzend	quergestreift	gedeiht auf allen kultivierten Gartenböden, bevorzugt alkalische nährstoffreiche Substrate
Salix alba 'Tristis' Trauer-Weide	15–20 m	junge Zweige im Austrieb leuchtend gelbgrün, später bräunlich	junge Äste glatt, alte Borke tief rissig	auf kleineren Grundstücken problematisch wegen des starken Nährstoffentzugs, der Wurzelkonkurrenz und des sehr hohen Wasserentzugs

Duftgehölze machen den Garten zum Erlebnisraum

Der Geruchssinn ist in seiner Bedeutung nicht zu unterschätzen. Redensarten wie »einen guten Riecher haben« oder »immer der Nase nach« sind ein Beleg dafür. Gehölze mit duftenden Blüten, mit duftendem oder aromatischem Laub oder Früchten bringen eine zusätzliche aufregende Note in den Garten. Ihr Platz ist dort, wo sie am besten wirken können, an Terrasse, Sitzplätzen oder in die Nähe des Hauseingangs.

Name	Größe	Standort	Duft/Aroma	Anmerkung
Acer rubrum Rot-Ahorn	7–12 m	sonnig bis schattig; verträgt keine Hitze, spätfrostgefährdet, keine kalkhaltigen Böden	honigartiger Duft der Blüten (März–April)	Kleinbaum mit überragender, sehr früh einsetzender Herbstfärbung; Austrieb bronzefarben
Amelanchier sp. Felsenbirnen	2–8 m nach Art	vollsonnig bis lichtschattig, bevorzugen schwach saure Substrate	herber Geruch der Blüten (April–Mai)	herrliche Herbstfärbung, Zierwert in allen Jahreszeiten
Berberis sp. Berberitzen	1–4 m nach Art	sonnig bis halbschattig	intensiver Geruch der Blüten (Mai)	gute Schnittverträglichkeit
Buddleja alternifolia Chinesischer Sommerflieder	3–4 m	sonnig und geschützt, liebt kalkreiche Böden	starker, weitreichender Duft der Blüten (Juni)	interessante Optik durch bogenartig überhängende Zweige
Buddleja davidii-Hybriden Schmetterlingsstrauch	2–3 m	sonnig, kalkliebend, geschützter Standort	kräftiger Duft der Blüten (Juli bis Oktober)	Schmetterlingsmagnet; häufiger kräftiger Rückschnitt im März/April fördert die Blühfreudigkeit
Cercidiphyllum japonicum Kuchenbaum, Katsurabaum	8–12 m	sonnig bis lichtschattig; nährstoffreiche Böden mit guter Wasserversorgung	karamel- und zimtartiger weitstreichender Duft des abgefallenen Herbstlaubs und spätfrostgeschädigter Blätter im Frühjahr	herrliche Herbstfärbung, die allerdings auf stark kalkhaltigen Böden versagt
Chaenomeles sp. Zierquitten	1–2 m	sonnig bis halbschattig, recht anspruchslos an den Standort	Früchte strömen einen angenehm aromatischen Duft aus	wertvolles Blütengehölz für niedrige Hecken; Früchte sind zu Gelee verarbeitbar; langanhaltende kräftig grüne Belaubung
Corylopsis sp. Scheinhaseln	1–2 m	lichtschattig, geschützte Lagen wegen der spätfrostgefährdeten Blüten	angenehm duftende Blüten im März/April, z.T. ***(Corylopsis pauciflora)*** schon im Februar beginnend	anmutige Frühlingsblüher; junge Sträucher kaum blühend
Daphne sp. Seidelbast	0,1–1,2 m nach Art	***D.*** x ***burkwoodii*** und ***D. cneorum***; sonnig bis lichtschattig, ***D. mezereum:*** absonnig bis schattig	süßer, sehr intensiver Duft der Blüten ***(D.*** x ***burkwoodii*** und ***D. cneorum:*** Mai/Juni, ***D. mezereum:*** Februar bis April)	Seidelbaste sind in allen Pflanzenteilen hoch giftig!
Eleagnus sp. Ölweide	1–6 m nach Art	sonnig	intensiv süß duftende Blüten (Mai, außer ***E. ebbingei*** und ***E. pungens*** 'Maculata': Herbstblüher!)	hitzeliebend
Fothergilla major Federbuschstrauch	1,5–3 m	sonnig bis halbschattig, sauer-humose Böden, meidet Hitze	intensiver Honigduft der Blüten (Mai)	Prachtvolle rote Herbstfärbung erscheint nur an sonnigen Standorten

Name	Größe	Standort	Duft/Aroma	Anmerkung
Fraxinus ornus Blumen-Esche	6–9 m	sonnig, bevorzugt trockene, kalkhaltige Böden	angenehmer Duft der Blüten (Mai)	auffällige bis 15 cm lange Blütenrispen; mäßig frosthart
Hamamelis sp. Zaubernüsse	2–4 m	sonnig bis schattig, geschützte Lagen	intensiv und weitreichend duftende Blüten im Winter und Vorfrühling	zauberhafte Blüten und zauberhafte Gestalt
Juglans regia Walnuss	10–15 m	sonnig bis lichtschattig, wärmeliebend, nicht völlig frosthart	aromatischer Geruch des Laubs, besonders intensiv beim herbstlichen Falllaub	traditioneller Hausbaum; Walnüsse sind von einer ebenfalls aromatisch riechenden Hülle umgeben.
Laburnum sp. Goldregen	5–7 m	sonnig bis lichtschattig, wärmebedürftig	angenehm duftende Blüten (Mai/Juni)	Giftgehölz!
Lonicera maackii Baum-Heckenkirsche	4–5 m	sonnig bis halbschattig, hitzeverträglich, absolut frosthart	stark duftende Blüten (Ende Mai/Juni)	anspruchslos, empfindlich gegen Einpflastern
Lonicera xylosteum Gemeine Heckenkirsche	2–4 m	lichtschattig bis schattig, anspruchslos	süß duftende Blüten (Mai)	sehr gute Schnittverträglichkeit
Magnolia loebneri, M. sieboldii, M. stellata Magnolien	3–6 m	sonnig (bis lichtschattig), sandig-humose oder sandig-lehmige saure Böden	angenehm duftende Blüten (***M. loebneri:*** April/Anfang Mai, ***M. sieboldii:*** Juni/Juli, ***M. stellata:*** April)	anspruchsvolle, sehr edle Ziergehölze; auf Schnittmaßnahmen möglichst verzichten; Düngegaben mit organischem Dünger nach der Blüte
Malus-Arten und -Sorten Zier-Äpfel	3–8 m nach Art bzw. Sorte	sonnig bis lichtschattig, hitzeempfindlich, schwach saure bis alkalische Böden	angenehm süß duftende Blüten (Mai/Juni)	breites Sortiment an schönen Kleinbäumen; attraktiver Fruchtschmuck im Herbst und Winter
Paeonia suffruticosa Strauch-Päonie	1–2 m	sonnig bis lichtschattig, spätfrostgefährdet, windgeschützte Lagen, humose Böden	stark duftende Blüten (Mai/Juni) bei vielen Sorten	einmal fest angewachsen sind Strauch-Päonien sehr frosthart
Philadelphus sp. Pfeifensträucher	1–4 m nach Art bzw. Sorte	sonnig bis halbschattig, anspruchslos	z.T. betörender und weitstreichender Duft der Blüten (Mai/Juni)	sehr robuster und attraktiver Zierstrauch
Ribes aureum Gold-Johannisbeere	1–2 m	sonnig bis schattig, saure bis schwach alkalische Böden	weitstreichender nelkenartiger Duft	sehr anspruchslos
Rhododendron sp. Sommergrüne Azaleen und deren Sorten	1,5–2 m	sonnig bis lichtschattig, stark saure bis schwach saure Substrate	angenehmer Duft der Blüten (Mai)	empfindlich gegen Trockenheit
Robinia sp. Robinie, Scheinakazie	6–20 m nach Sorte	voll sonnig, durchlässiges Substrat, sauer bis alkalisch	intensiver, süßer Duft der Blüten (Mai)	Äste und Zweige dornig; später Laubaustrieb

Name	Größe	Standort	Duft/Aroma	Anmerkung
Rosa in Arten und Sorten Rosen	0,4–3 m nach Art bzw. Sorte	sonnig, vereinzelte Arten vertragen auch Halbschatten	duftende Blüten in Frühjahr und Sommer; ***Rosa rubiginosa*** (Wein-Rose): duftendes Laub	Duftrosen sind bei allen Arten von Rosen vertreten, von der Wildrose über die Strauch- und Kletterrose bis zur Edelrose
Rubus odoratus Zimt-Himbeere	1,5–2 m	halbschattig bis schattig, frische bis feuchte Böden	angenehm zarter Duft der Blüten (Juni-August)	lange Blütezeit; dekorative, große Blätter
Skimmia japonica Skimmie	0,6–1 m	lichtschattig bis schattig, frostempfindlich	angenehm duftende Blüten (Mai)	immergrüner Kleinstrauch mit dekorativem, lange haftendem roten Fruchtschmuck
Spiraea sp. Spiersträucher	1,5–2,5 m	sonnig, z.T. auch lichtschattig, alle kultivierten Gartenböden	duftende Blüten (April/Mai)	sehr robuste und dauerhafte Ziersträucher
Syringa chinensis Königs-Flieder	3–5 m	sonnig, alkalische, lehmige Böden, wärmebedürftig	weitstreichender süßer Duft der Blüten (Mai/Juni)	früh austreibendes und lange haftendes Laub
Syringa vulgaris in Sorten Gemeiner Flieder	4–6 m	sonnig bis lichtschattig, kalkhaltige Lehmböden	weitstreichender süßer Duft der Blüten (Mai)	sehr gute Schnittverträglichkeit
Viburnum bodnantense 'Dawn' Duftender Winter-Schneeball	2–3 m	sonnig bis absonnig, alle Gartenböden mit guter Nährstoffversorgung	starker, vanilleartiger Duft der Blüten (Oktober/November und Februar/März)	einer der schönsten Winterblüher; Blüten sind früh- und spätfrostgefährdet, daher geschützten Standort wählen
Viburnum burkwoodii Wintergrüner Duft-Schneeball	2–3 m	sonnig bis halbschattig, hitzeverträglich, geschützter Standort	intensiver, vanilleartiger Duft (April/Mai)	mäßig frosthart; wintergrünes Laub
Viburnum carlcephalum Großblumiger Duft-Schneeball	2–3 m	sonnig bis lichtschattig, nährstoffreiche Böden	intensiver, vanilleartiger Duft der Blüten (April/Mai)	blüht als letzter unter den Duft-Schneebällen
Viburnum carlesii Koreanischer Duft-Schneeball	1,2–1,5 m	sonnig bis halbschattig, hitze- und trockenheitsempfindlich	betäubend süßer Duft der Blüten (April/Mai)	meist frosthart; kupferroter Laubaustrieb
Viburnum farreri Winter-Duftschneeball	2–3 m	sonnig bis lichtschattig, alle humosen Gartenböden	vanilleartig duftende Blüten (November und Februar/April)	Winterblüher mit ähnlichen Blütezeiten wie ***V. bodnantense***; geschützten Standort wählen
Viburnum lantana Wolliger Schneeball	2–4 m	sonnig bis lichtschattig, kalkhaltige Böden	intensiv riechende Blüten (Mai)	sehr anspruchslos und anpassungsfähig
Viburnum x 'Pragense' Prager Schneeball	2–3 m	sonnig bis halbschattig, alle nährstoffreichen Gartenböden	duftende Blüten (Mai)	immergrün; wärmeliebend

Schöne Früchtchen – Schmuck für den herbstlichen und winterlichen Garten

Gehölze werden leider allzu oft rein nach ihrem Frühjahrs- und Sommeraspekt ausgewählt. Dabei verdienen alle Jahreszeiten entsprechende Beachtung. Wenn man den Garten im Herbst und Winter auch weniger als Aufenthaltsraum nutzt, so profitieren wir doch ganz erheblich von seinem erfreulichen Anblick – falls der in der Planung Berücksichtigung gefunden hat. Früchte sind da eine wichtige Ergänzung zu berauschender Herbstfärbung, Rinden- und Zweigschönheit sowie grazilem oder Interesse weckendem Wuchs.

Bäume und Sträucher mit schönem Fruchtschmuck

(Essbar meint in vielen Fällen nicht den Rohverzehr der Früchte, da sind eher die wenigsten schmackhaft und genießbar, sondern dass sie gut verwertbar sind, z.B. für Gelees, Marmeladen, Wein, Saftzusatz u.Ä. Wenn der Verzehr nur in verarbeitetem Zustand möglich ist, ist das besonders gekennzeichnet)

- ***Acer ginnala*** (Feuer-Ahorn): Kleinbaum, rotgrüne Flügelfrüchte, Juli bis Oktober
- ***Acer palmatum*** (Fächer-Ahorn): Großstrauch bis Kleinbaum, rötliche Flügelfrüchte, September/Oktober
- ***Amelanchier lamarckii*** (Kupfer-Felsenbirne): Großstrauch bis Kleinbaum, purpurrote Beeren, Juli bis September, essbar
- ***Aronia melanocarpa*** (Schwarze Apfelbeere): Kleinstrauch, schwarze Beeren, August bis November, essbar
- ***Berberis*** sp. (Berberitzen in Arten und Sorten): Zwerg- bis Normalsträucher, rote und schwarze Beeren, Juli bis Dezember (artabhängig), Früchte der heimischen ***Berberis vulgaris*** essbar
- ***Callicarpa bodinieri*** (Schönfrucht): Normalstrauch, rötlich-violette Beeren, September bis Dezember
- ***Chaenomeles japonica*** (Niedrige Scheinquitte): Kleinstrauch, gelbe apfelartige Früchte, August bis Oktober, essbar (verarbeitet)
- ***Chaenomeles speciosa*** (Hochwachsende Zierquitte): Normalstrauch, gelbgrüne apfelartige Früchte, Juli bis Oktober, essbar (verarbeitet)
- ***Colutea arborescens*** (Blasenstrauch): Normalstrauch, rötlichgrüne ballonartige Schoten, ab Juni remontierend
- ***Cornus alba*** (Weißer Hartriegel): Normalstrauch, weißliche Beeren, August bis Dezember
- ***Cornus alternifolia*** (Etagen-Hartriegel): Großstrauch bis Kleinbaum, blauschwarze Beeren, August bis Dezember
- ***Cornus florida*** (Amerikanischer Blumen-Hartriegel): Großstrauch bis Kleinbaum, scharlachrote, ovale Früchte, August bis Dezember
- ***Cornus kousa*** (Japanischer Blumen-Hartriegel): Großstrauch bis Kleinbaum, rosafarbene bis rote, himbeerartige Früchte, ab September
- ***Cornus mas*** (Kornelkirsche): Großstrauch, rote, längliche kirschenartige Steinfrüchte, August bis Oktober, essbar (über wiegend verarbeitet)
- ***Cornus nuttallii*** (Pazifischer Blüten-Hartriegel): Großstrauch bis Kleinbaum, orangerot-rosafarbene bis purpurne Früchte, aus vielen kleinen Beeren zusammengesetzt, ab September/Oktober
- ***Cotoneaster*** sp. (Felsenmispeln): Zwergsträucher bis Großsträucher, rote Beeren, August bis November
- ***Crataegus*** x ***lavallei*** (Apfel-Dorn): Kleinbaum, ziegelrot, apfelähnlich, August bis Dezember
- ***Daphne mezereum*** (Gemeiner Seidelbast): Kleinstrauch, rote erbsengroße Früchte, Juli bis Januar, hoch giftig!
- ***Eleagnus angustifolia*** (Schmalblättrige Ölweide): Großstrauch bis Kleinbaum, gelbe, olivenähnliche Früchte, August bis Oktober
- ***Euonymus planipes*** (Großfrüchtiges Pfaffenhütchen): Großstrauch, rote, fünfflügelige Fruchtkapseln, September bis November, giftig!
- ***Hippophae rhamnoides*** (Sanddorn): Großstrauch bis Kleinbaum, orangefarbene Beeren, September bis März, essbar
- ***Ilex aquifolium*** (Stechpalme): Großstrauch bis Kleinbaum, erbsengroße, rote, kugelige Steinfrüchte, August bis Dezember, giftig!
- ***Lonicera*** sp. (Heckenkirschen): Klein- bis Normalsträucher, rote und schwarze Beeren, August bis Oktober
- ***Mahonia aquifolium*** (Gewöhnliche Mahonie): Kleinstrauch, blauschwarz bereifte Beeren, August bis März, essbar
- ***Malus***-Arten und -Hybriden (Zier-Äpfel): gelbe, rote und orangefarbene Äpfelchen, August bis Oktober, manche Sorten bis tief in den Winter
- ***Mespilus germanica*** (Echte Mispel): Großstrauch bis Kleinbaum, braune, apfelförmige Früchte, September bis Dezember, essbar (nach Frosteinwirkung)

- *Prunus spinosa* (Schlehe): Normalstrauch, blau bereifte Steinfrüchte, August bis November, essbar (nach Frosteinwirkung verarbeitbar)
- *Pyracantha*-Sorten (Feuerdorn): Normalsträucher, orangefarbene, rote und gelbe Früchte, September bis März
- *Rosa* (Rosen): Fast alle einfach blühenden Strauch- und Parkrosen schmücken sich im Herbst mit Hagebutten, vertreten sind alle Rottöne, Orange, Braun, Schwarz, September bis Dezember, essbar (verarbeitet)
- *Sambucus* sp. (Holunder): Großsträucher, Dolden mit schwarzen Beeren bzw. Rispen mit roten Beeren, Früchte des Schwarzen und des Kanadischen Holunders essbar (verarbeitet)
- *Skimmia japonica* (Frucht-Skimmie): Kleinstrauch, glänzend rote, kugelige Früchte, August bis Dezember
- *Sorbus* sp. (Mehlbeeren und Vogelbeeren): Grosträucher, Kleinbäume, mittelgroße Bäume, orangerote, rosafarbene und weiße Beeren in doldenähnlichen Ständen, August bis November, orangerote Beeren essbar (verarbeitet)
- *Stranvesia davidiana* (Funkenblatt): Normalstrauch, rote Beeren, August bis Dezember
- *Symphoricarpos albus laevigatus* (Schneebeere): Normalstrauch, weiße wachsartige Beeren, August bis Dezember
- *Symphoricarpos orbiculatus* (Korallenbeere): Kleinstrauch, purpurrote Beeren, August bis Dezember
- *Viburnum lantana* (Wolliger Schneeball): Großstrauch, Trugdolden aus zunächst roten, später schwarzen Steinfrüchten, August bis Oktober
- *Viburnum opulus* (Gemeiner Schneeball): Großstrauch, Trugdolden aus korallenroten Steinfrüchten, August bis Februar

Herbstliche Leuchtfeuer – Bäume und Sträucher mit herausragender Herbstfärbung

Wenn das Wetter in den Herbstmonaten passt, kühle Nächte sich mit sonnigen Tagen ein Stelldichein geben, stehen Bäume und Sträucher in lodernden Flammen. Farbexplosionen von Gelb über Orange und Feuerrot bis zu tiefem Karmin tauchen das Blätterwerk zu Saisonende in eine warme Glut. Einige Gehölze stechen mit ihrem Herbstgewand besonders hervor. In der Regel haben sie ihre Heimat im östlichen Nordamerika und Ostasien, den Hochburgen dieser Farbmagier.

Gehölze mit herausragender Herbstfärbung

- *Acer campestre* (Feld-Ahorn): mittelgroßer Baum, gelb bis gelborange
- *Acer capillipes* (Roter Schlangenhaut-Ahorn): Kleinbaum, leuchtend orange bis karminrot
- *Acer ginnala* (Feuer-Ahorn): Kleinbaum, leuchtend rot
- *Acer japonicum* 'Aconitifolium' (Eisenhutblättriger Ahorn): Großstrauch bis Kleinbaum, leuchtend rot
- *Acer palmatum* (Fächer-Ahorn): Großstrauch bis Kleinbaum, karminrot
- *Acer rubrum* (Rot-Ahorn): Kleinbaum, rosa- bis kirschrot
- *Acer rufinerve* (Rostbart-Ahorn): gelb-orange bis karminrot
- *Acer griseum* (Zimt-Ahorn): Großstrauch bis Kleinbaum, leuchtend scharlachrot, orange oder gelb
- *Amelanchier laevis* (Kahle Felsenbirne): Normal- bis Großstrauch, gelb bis orange und scharlachrot
- *Amelanchier lamarckii* (Kupfer-Felsenbirne): Großstrauch bis Kleinbaum, leuchtend gelb, orange und rot
- *Aronia arbutifolia* (Apfelbeere): Klein- bis Normalstrauch, auffallend rot
- *Aronia melanocarpa* (Schwarzfrüchtige Apfelbeere): Kleinstrauch, dunkelrot bis braunrot, z.T. auch hellrot
- *Berberis* sp. (Berberitzen in Arten): Klein- bis Normalsträucher, orange bis weinrot
- *Betula* sp. (Birken in Arten): Klein- bis Großbäume, goldgelb
- *Catalpa bignonioides* (Trompetenbaum): mittelgroßer Baum, gelb-orange

- ***Cercidiphyllum japonicum*** (Kuchenbaum): Kleinbaum, gelb bis scharlach
- ***Cornus alba in Sorten*** (Weißer Hartriegel): Normal- bis Großsträucher, gelb bis orangerot
- ***Cornus alternifolia*** (Etagen-Hartriegel): Großstrauch, violettrot
- ***Cornus controversa*** (Pagoden-Hartriegel): Kleinbaum, purpur bis violett
- ***Cornus florida*** (Amerikanischer Blumen-Hartriegel): Großstrauch, rötlich bis scharlachrot
- ***Cornus kousa*** (Japanischer Blumen-Hartriegel): Großstrauch bis Kleinbaum, scharlachrot
- ***Cornus nuttallii*** (Pazifischer Blüten-Hartriegel): Großstrauch, orangerot
- ***Corylopsis pauciflora*** (Scheinhasel): Kleinstrauch, gelb
- ***Cotinus coggygria*** (Perückenstrauch): Normal- bis Großstrauch, orange bis rot
- ***Cotoneaster*** sp. (Felsenmispeln in Sorten): Klein- bis Großsträucher, orangerot
- ***Crataegus crus galli*** (Hahnen-Dorn): Kleinbaum, orange bis bronzerot
- ***Crataegus coccinea*** (Scharlach-Dorn): Kleinbaum, scharlachrot
- ***Euonymus alatus*** (Korkflügelstrauch): Normalstrauch, karminrot
- ***Euonymus europaeus*** (Gemeines Pfaffenhütchen): Großstrauch, gelb-orange bis dunkelrot
- ***Euonymus planipes*** (Großfrüchtiges Pfaffenhütchen): Großstrauch, orange-rot
- ***Euonymus yedoensis*** (Rosa Pfaffenhütchen): Normalstrauch, Rosatöne bis rotorange
- ***Fothergilla*** sp. (Federbuschstrauch): Klein- bis Normalsträucher, gelb über orange bis rot
- ***Fraxinus ornus*** (Blumen-Esche): Kleinbaum, gelb bis gelbviolett
- ***Hamamelis*** sp. (Zaubernüsse in Arten und Sorten): Großsträucher, gelb
- ***Hydrangea quercifolia*** (Eichenblättrige Hortensie): Kleinstrauch, purpurrot und orange
- ***Liquidambar styraciflua*** (Amberbaum): mittelgroßer Baum, vielfarbig, tiefpurpur, violettbraun, gelb-orange, scharlach und weinrot
- ***Malus*** sp. und -Hybriden (Zier-Äpfel in Arten und Hybriden): Kleinbäume, gelb, rotorange, rot
- ***Parrotia persica*** (Eisenholzbaum): Großstrauch bis Kleinbaum, gelb über orange bis violett
- ***Photinia villosa*** (Scharlach-Glanzmispel): Großstrauch, gelb bis orangerot
- ***Prunus*** in Arten und Sorten (Kirschen): Großsträucher bis mittelgroße Bäume, orangerot bis rot
- ***Pyrus calleryana*** (Chinesische Wild-Birne): Kleinbaum, orangegelb bis violett
- ***Sorbus*** in Arten und Sorten (Mehlbeeren und Vogelbeeren): Kleinbäume bis mittelgroße Bäume, orangerot
- ***Spiraea*** sp. (Spiersträucher): Zwerg- bis Normalsträucher, violettrot, orange
- ***Stranvaesia davidiana*** (Lorbeermispel): Normalstrauch, scharlachrot
- ***Viburnum*** x ***bodnantense*** (Duftender Winter-Schneeball): Normalstrauch, bronzerot
- ***Viburnum*** x ***carlcephalum*** (Großblumiger Duftschneeball): Normalstrauch, gelb-orangebraun
- ***Viburnum farreri*** (Winter-Duftschneeball): Normalstrauch, blutrot
- ***Viburnum lantana*** (Wolliger Schneeball): Großstrauch, grüngelb bis rot
- ***Viburnum opulus*** (Gemeiner Schneeball): Großstrauch, orangerot, z.T. gelb
- ***Viburnum plicatum*** in Sorten (Japanischer Schneeball): Normalsträucher, violettrot, orange

Literatur

Becker, Marion: *Alte Rosen – Sortenempfehlungen, Pflegeanleitungen, Gestaltungsideen,* München 1992

Becker, Marion: *Wildrosen – Artenempfehlungen, Pflegeanleitungen, Gestaltungsideen,* München 1992

Cheers, Gordon (Hrsg.): *Botanica,* Köln 1998

Foerster, Karl: *Lebende Gartentabellen,* Radebeul 1994, 2. Auflage

Foerster, Karl: *Neuer Glanz des Gartenjahres,* Radebeul 1991, 9. Auflage

Fondation pour l' architecture à Bruxelles (Hrsg.): *Les jardins de Jacques Wirtz,* Brüssel 1993

Fördergesellschaft »Grün ist Leben« Baumschulen mbH (Hrsg.): *BdB-Handbuch I – Laubgehölze,* Pinneberg 1990

Fördergesellschaft »Grün ist Leben« Baumschulen mbH (Hrsg.): *BdB-Handbuch II – Nadelgehölze, Rhododendren und Heidepflanzen,* Pinneberg 1980

Fördergesellschaft »Grün ist Leben« Baumschulen mbH (Hrsg.): BdB-*Handbuch VIII – Wildgehölze,* Pinneberg 1992

Hecker, Ulrich: *Bäume und Sträucher,* München 1991, 2. Auflage

Hobhouse, Penelope: *Farbe im Garten,* Stuttgart 1986

Höger-Orthner, Ilse: *Vom Zauber der Alten Rosen,* München 1994, 2. Auflage

Kataloge der Baumschulen von Ehren, Bruns, Ley, Lappen

Krüger, Ursula: *Immergrüne – Arten und Sorten, Pflegeanleitungen, Gestaltungsideen,* München 1993

Meyer, Hans: *Formale Gärten, Gestaltungselemente und Anlage architektonischer Gärten,* Stuttgart 1991

Mitchell, Alan und Wilkinson, John: *Pareys Buch der Bäume, Nadel- und Laubbäume in Europa nördlich des Mittelmeeres,* Hamburg / Berlin 1987

Moser, Erhard: *Rhododendren, Wildarten & Hybriden,* Augsburg 1998

Oehme, Wolfgang und van Sweden, James mit Rademacher, Susan: *Bold Romantic Gardens,* Washington 1998, 2. Auflage

Oehme, Wolfgang und van Sweden, James: *New World Landscapes,* Process Architecture Co., Tokio 1996

Phillips, Roger und Rix, Martyn: *Sträucher, 1900 Sträucher in Farbe,* München 1989

Tornieporth, Gerda: *Buchs im Garten, Die besten Sorten, Pflege, Formschnitt, Gestaltung,* München 2001

Wagner, Friedolin: *Gestalten mit Pflanzen, Versuch einer Ästhetik des Gartens,* Stuttgart 1990

Gartenverzeichnis

Fotografin und Autorin danken allen Gartenbesitzern sowie den Planern und Gärtnern der folgenden öffentlichen Gärten:

Botanischer Garten der Universität Hohenheim
www.uni-hohenheim.de

Gärten ohne Grenzen, Saarland
www.ceb-merzig.de

Gärten Schloss Trauttmansdorf,
Bot. Garten Meran
www.trauttmansdorf.it

Magnoliengarten der Wilhelma, Stuttgart
www.wilhelma.de

Staudensichtungsgarten Weihenstephan
www.fh-weihenstephan.de/va/insitute/
sg-sichtungsgarten.html

Gartengestalter

Andreas Egger, Garten- und Landschaftsbau
Geiging 18, 83101 Rohrdorf, Tel.: 0 80 32/53 78
S. 44

Koch+Koch, Garten- und Landschaftsarchitekten
Türkenstraße 4a, 82396 Pähl am Ammersee
Tel. 08 8 08/92 13 13, http://www.koch-koch.de
S.18 o., 110

Hella Kreiselmeyer, Gartengestaltung
Merchinger Straße 27b, 66663 Merzig, Tel.: 0 68 61/7 37 38
S. 20 o., 22/23, 38/39, 42 u., 46, 52, 63 o.

Kurt Kühnen, Architekt BDA
Lindenstraße 15, 66663 Merzig
Tel.: 0 68 61/7 53 08
S. 20 u., 47, 101

Kerstin Marstatt, Dipl. Feng Shui-Beraterin
Nürnberger Straße 33a, 96114 Hirschaid,
Tel. 0 95 43/44 27 99
S. 17

Garten Gertrud und Ernst Rupp
S. 10 u., 62 M., u., 63 u,. 64/65, 68 li., 69 re., 88, 96,
104 u.

Garten G. und A. Bölsterli
S. 19, 21 u., 30, 34/35, 37, 111, 114/115

Yvonne von Scheffer, naturnahe Gärten
Schaidhaufstraße 6, 86911 Diessen, Tel.: 0 88 07/41 24
S. 15, 59 u.

Dipl.-Ing Jens Tippel, Gartenarchitekt
Bergstraße 2, 30952 Ronnenberg-Benthe, T
el.: 0 51 08/64 34 33
jtippel@web.de
S. 18 u., 25

Gartenverzeichnis (Fortsetzung)

Offene Gartenpforten

Offene Gartenpforte im Juni und Besichtigung
nach telefonischer Vereinbarung:
Historischer Rosengarten
Heinrich Burmester und Marianne Burmester-Müller
Niendorf/Im Dorfe 12, 29553 Bienenbüttel
Tel.: 0 58 23/3 42
S. 6/7, 21, 56/57, 68 M., 101/102, 109 o.

Gartenbesichtigung nach telefonischer Anmeldung
Rosengarten Friedel Feldmann
Waldpromenade 61a, 82131 Gauting
Tel. 0 89/8 50 84 12
S. 8, S. 33 u.

Offene Gartenpforte im April, Juni und September
Ingrid und Rolf Günther
Drebberfuhrenweg 20, 29690 Essel
Tel.: 0 50 71/33 80
S. 60, 61

Gartenbesichtigung nach telefonischer Anmeldung
Gerhard Heimerl
Goldshausen 4, 85417 Marzling, Tel.: 0 81 67/12 86
S. 4 M., 33 o., 74 alle, 75, 87, 89 u., 90, 92 o., 93 o., 117

Impressum

Bibliografische Information Der Deutschen Bibliothek
Die Deutsche Bibliothek verzeichnet diese Publikation in der Deutschen Nationalbibliografie; detaillierte bibliografische Daten sind im Internet über <http://dnb.ddb.de> abrufbar.

Umschlagreihenentwurf:
Theodor Bayer-Eynck, Coesfeld
Gestaltung: Monika Pitterle
Lithographie, Druck und Bindung:
Fotolito Longo, Bozen
Printed in Italy

ISBN 3-421-03431-1